KB235009

교토에
디저트 먹으러 갑니다

여행을 떠나기 전에…

일러두기

* 본문에 등장하는 인명과 지명은 외래어 표기법을 따랐으나,
  가게명과 메뉴명은 가급적 현지 발음에 충실하게 표기했습니다.
  예: 〈아산브라쥬 카키모토〉의 셰프 가키모토 씨, 말차→맛차, 카스텔라→카스테라 등

* 본문에 소개된 가게들에는 부정기 휴일과 메뉴 변동이 있을 수 있습니다.
  방문 당일 홈페이지 등을 통해 확인할 것을 권장합니다.

* 가게명 〈 〉, 도서명 『 』, 드라마·영화·잡지·신문·그림·곡명「 」

기본 용어 설명

* **디저트**　　　　　원래 과자류(양과자와 화과자)만을 지칭하지만 이 책에서는 넓은 개념으로 우리나라 사람들이 좋아하는 빵과 빵이 들어가는 식사류도 포함했다.

* **양과자(洋菓子)**　서양에서 기원한 과자로 케이크, 마카롱, 초콜릿 등이 있다.

* **화과자(和菓子)**　일본 전통 과자로 다이후쿠(大福 찹쌀떡), 요캉(羊羹 양갱), 카스테라(カステラ) 등이 있다.

* **스위츠(スイーツ)** 일본에서 달콤한 과자들을 지칭하는 말로 보통 양과자를 말한다.

* **빵**　　　　　　　밀가루, 물, 효모 등을 이용하여 반죽을 발효시켜 만드는 식품. 일본에서는 제빵과 제과가 구분되며, 케이크나 구움 과자들은 우리나라와 달리 빵이라고 부르지 않는다(제과의 개념).

* **프랑스빵**　　　　프랑스 발상의 빵으로 바게트가 대표적이며, 설탕, 유분이 적게 들어가고 보통 단단한 식감의 빵을 지칭한다.

* **과자빵**　　　　　과자와 같은 요소가 가미된 빵으로 크림빵, 앙빵 등 일본 기원의 빵이 많다.

* **하드빵**　　　　　설탕과 유분이 적게 들어가는 단단한 빵으로, 구수한 향과 풍미가 좋으며 바게트와 캄파뉴 등이 이에 속한다.

* **생지(生地)**　　　제과·제빵에 사용되는 유동성 있는 반죽에서부터 열을 가해 만들어 낸 완성물까지를 지칭한다.

교토에 디저트 먹으러 갑니다

1천년 고도 교토에는
150년 된 가게에서 파는 생크림 과일 샌드위치가 있다

강수진 · 황지선 지음

효형출판사

교토 디저트 찾아가기

01. **데마치후타바** 出町ふたば

02. **기온토쿠야** ぎおん徳屋

03. **사료스이센 다카쓰지 본점** 茶寮翠泉 高辻本店

04. **사료스이센 가라스마오이케점**
茶寮翠泉 烏丸御池店

05. **우메조노 카페 & 갤러리**
うめぞの CAFE & GALLERY

06. **우메조노사보** うめぞの茶房

07. **오보로야즈이운도** 朧八瑞雲堂

08. **아농** あのん

09. **기온키나나** 祇園きなな

10. **카쇼 소젠** 菓匠 宗禅

11. **젠카쇼인 교토 무로마치 본점**
然花抄院 京都室町本店

12. **젠카쇼인 교토 헤이안진구 내**
시대제관 토니토니점
然花抄院 京都・平安神宮内 時代祭館 十二十二店

13. **킷사 마도라구** 喫茶マドラグ

14. **후르츠 파라 야오이소** フルーツ パーラー ヤオイソ

15. **이치카와야 커피** 市川屋珈琲

16. **타마키테** たま木亭

17. **르쁘치멕 이마데가와점** Le Petit Mec IMADEGAWA

18. **르쁘치멕 오이케점** Le Petit Mec OIKE

19. **르쁘치멕 오마케점** Le Petit Mec OMAKE

20. **마루키세팡조** まるき製パン所

21. **카메야 요시나가** 亀屋良長

22. **쥬반세루 기온점** JOUVENCELLE 祇園店

23. **쥬반세루 오이케점** JOUVENCELLE 御池店

24. **쥬반세루 진구마에점** JOUVENCELLE 神宮前店

25. **이치조지 나카타니** 一乗寺中谷

26. **카시야** kashiya

27. **아산브라쥬 카키모토**
ASSEMBLAGES KAKIMOTO

28. **쇼콜라 베르 아메르 교토 별저**
Chocolat BEL AMER 京都別邸

29. **아그레아브루** agréable

30. **파티스리 탄도레스** Pâtisserie Tendresse

31. **마루브란슈 기타야마 본점**
MALEBRANCHE 北山本店

32. **다이마루 교토점** 大丸京都店

33. **JR 교토 이세탄** ジェイアール京都伊勢丹

❖ **16번 가게는 페이지 상단 QR코드 속 전체 지도를 참고하시면 쉽게 위치를 찾을 수 있습니다.**

07
31
기타야마역
가라스마선
슈가쿠인역
다이토쿠지
기타오지역
이치조지역
25
30
시모가모 신사
자야마역
06
구라마구치역
모토타나카역
10
이마데가와역
17
데마치야나기역
01
교토고쇼
진구마루타마치역
헤이안진구
12
니조성
마루타마치역
27
29
26
24
니조역
니조조마에역
13 11 04
교토시
18 23
야쿠쇼마에역
히가시야마역
게아게역
가라스마오이케역
28
산조역
19
05
오미야역
14 21
32 가와라마치역
08
한큐교토본선
가라스마역
기온시조역
09
02
시조역
03
22
야사카 신사
도자이선
20
고조역
기요미즈고조역
15
시치조역
기요미즈데라
33
교토역

contents

Part 1

일본 풍미가 한가득! 교토의 기품 있는 디저트
Kyoto Dessert

Part 2
Theme Dessert

디저트 맛집으로 가득한
추억의 보석 상자

10여 년 전 가을, 처음 교토를 방문했다. 역사와 자연이 공존하는 가장 일본다운 도시답게 볼거리가 넘쳤지만 정작 내겐 관광객에 치이며 힘들게 돌아다녔던 기억밖에 없다. 그 뒤로 몇 번이나 교토에 갔어도 유적지를 중심으로 짜여진 일정 탓에 교토에서 무언가를 맛있게 먹은 적이 없는 것 같다. 그래서인지 '오사카'라고 하면 먹거리 천국의 이미지가 있는 반면 '교토'를 생각하면 딱히 떠오르는 먹거리가 없었고, 교토의 디저트는 엄청나게 줄을 서야만 먹을 수 있는 맛차 아이스크림뿐인 줄 알았다.

이후 일본에 살면서 오사카의 친구들이 "맛집은 오사카보다는 교토지!"라고 이야기하는 걸 들으며 의아했었는데, 교토에 자주 드나들며 교토에 대한 나의 이미지는 180도 바뀌게 된다. 이전에 내가 알던 교토는 딱딱한 가이드북 속 교토에 불과했던 것이다.

오사카역에서 기차를 타고 30분 거리의 교토이지만 두 도시는 전혀 다른 느낌을 준다. 서울과 그다지 다르지 않은 분위기의 오사카와 달리, 천년 수도였던 고도 교토는 100년 넘는 역사를 가진 가게들이 1000점포가 넘어, 200~300년은 되어야 노포(老舗 대대로 이어 내려오는 점포)

라는 수식어가 붙을 정도이다. 이렇게 긴 역사를 가진 화과자 가게가 많은 것은 물론이거니와 교토는 새로운 문화를 받아들이는 데도 인색하지 않아, 양과자집과 빵집도 교토 특유의 세련됨으로 연출해 발전시켜나가고 있다. 과거와 현재가 기가 막히게 균형을 맞추며 공존하는 공간이 바로 교토이며 이것이 교토의 매력이라고나 할까.

오사카와 나라가 나에게 일상이었다면 교토는 일상에서 벗어난 비현실적인 공간이었다. 바쁘고 힘든 일상에 지칠 때면 나는 항상 교토를 찾았다. 내가 좋아하는 교토의 오래된 가옥들 사이를 거닐며 그 특유의 냄새와 차분한 분위기에 마음을 빼앗기고, 수도 없이 발길을 옮기며 교토의 숨은 디저트 맛집들을 발굴해냈다. 그리고는 보석 같은 빵과 화과자, 케이크를 들고 가모가와 강변에서 강바람을 맞으며 하나하나 맛보고 음미하는 나만의 힐링 타임을 보냈다. 이 책에서는 그 소중한 추억 속 보석 상자를 열어보려고 한다. 예전의 나처럼 교토에서 굶주림에 방황하지 않도록 말이다. 그리고 한국에 돌아와 디저트 맛집으로 가득했던 교토에 대해 말하며 다시 그곳을 그리워할 수 있게 되길 바란다.

『오사카에 디저트 먹으러 갑니다』가 출간된 후, 그동안 잊고 지냈던 친구들과 동생들의 고마움을 다시 한번 느끼며 매일매일 감사한 하루를 보내고 있다. 또한 그동안의 삶을 되돌아보는 계기가 되었고 '지금까지 인생 헛살지 않았구나'라는 생각과 동시에 앞으로의 마음가짐도 다잡게 되었다.

책이 나오고 마치 자신의 일인 양 기뻐해주고 발 벗고 나서 홍보에

힘써준 친구들 수미, 윤희, 선영, 형주. 그리고 부족한 언니를 한결같이 지켜봐 주고 같이 울고 웃어주는 나의 고마운 동생들 가향, 지혜, 세영, 영주, 유진, 메뚜기, 음뚜, 진영, 효영, 마리 쌍, 료코 쌍, 마유 쌍, 밋 쌍, 혜윤. 너희들이 없었다면 지금의 내가 없었을 거야…. I owe you! 정말 고마워!

일일이 이름을 다 나열하진 못했지만 응원을 보내준 지인 분들, 친구들과 후배들에게도 정말 많은 힘이 되었다는 감사의 말을 전하고 싶다.

또한 편집하느라 고생하신 홍익출판사 분들과 취재에 응해주신 셰프님들과 가게 측에도 깊은 감사를 드린다. 取材に応じてくださったお店の方々誠にありがとうございました。ほんまおおきに!

마지막으로 동생 서연이네 가족들과, 못난 딸을 항상 챙겨주시고 힘을 불어넣어 주시는 엄마, 아빠께 무한한 사랑과 감사를 보낸다.

황지선

양파 속살 같은 매력의
교토 디저트 맛집을 찾아서

나는 츠지조리사전문학교를 졸업하고 스시가 좋아서 한 스시집에서 일을 했다. 그 이야기를 하면 사람들은 내가 일본요리 중에서도 생선요리나 해산물을 좋아하는 줄 아는데, 나는 굽거나 조린(이미 익어버린) 생선에 대해서는 그다지 매력을 느끼지 못한다. 그러던 어느 날 교토 기온거리에 자리한 고급요릿집 〈이후키(いふき)〉에서 저녁을 먹었는데, 그때 구이요리로 나온 눈볼대와 옥돔을 먹고 생각이 바뀌게 됐다. '절묘한 불 조절로 생선이 이렇게 육즙 가득하고 부드럽고 맛있을 수 있구나' 하는 것을 새삼 느꼈기 때문이다. 오사카의 내로라하는 고급요릿집에서도 구운 생선을 먹어본 적이 있지만 그날의 구운 생선만 못했던 것 같다. 물론 눈볼대나 옥돔이라는 생선 자체가 고급이고 기름이 잘 오른 생선이라는 점도 있었겠지만 굽기의 정도가 정말 환상적이었다.

그 외에도 그날 먹은 요리들은 아직도 생생히 기억날 정도로 하나하나 감동적이었다. 마지막 디저트인 모나카는 바닐라 아이스크림에 팥앙금 같은 흔한 조합이 아닌 코코넛 아이스크림과의 조합이었다. 여름이라는 계절을 디저트에 담고 싶어 시도해보았다고 말하는 셰프에게서 후광이 비칠 정도로 그가 대단해 보였다. 함께 갔던 프랑스인도 이제까지 먹어본 것 중 최고라고 아낌없는 찬사를 보냈다. 그 후로 나는 지금까지 요릿집에서 그토록 만족스러운 코스요리 디저트를 맛본 적이 없다.

교토는 이처럼 나에게 항상 특별했다. 오사카 근교라고 하면 교토 외에도 고베, 나라, 와카야마 등이 있겠지만, 매번 찾을 때마다 이문화(異文化)를 경험하듯 신선한 충격을 주는 곳은 교토였다. 그만큼 특별한 날 찾던 곳이기도 했다(그러고 보니 공동저자인 지선언니가 내가 첫 임신을 했을 때 축하의 의미로 한턱 쏴준 곳도 교토였다).

교토는 확실히 오사카와는 다른 색깔을 지녔다. 실제로 살아보며 느꼈지만 사람들의 성격마저 오사카와 교토는 확연히 다르다. 개인적으로 남 앞에서 진심을 숨기고 사실을 에둘러 말하는 일본인의 성격이 가장 두드러지는 곳이 교토가 아닐까 생각한다. 그처럼 교토는 첫 만남에 전부를 알기가 힘들고, 까도 까도 나오는 양파 속살처럼 매번 방문할 때마다 새로운 얼굴을 보여주곤 한다.

뻔한 소개 같지만 이 책은 일본 교토를 여행하는 이들을 위해 개성과 매력으로 똘똘 뭉친 알짜배기 맛집만을 고르고 골라 엮은 것이다. 거기에 언니와 나의 개인적인 에피소드를 사이드 메뉴로 곁들였다. 그런 이 책이 여행이라는 근사한 디너 타임의 마지막 디저트를 확실히 책임져주리라 믿는다. 주저 말고 즐기시길 바란다.

강수진

Part 1
일본 풍미가 한가득!
교토의 기품 있는 디저트

Kyoto
Dessert

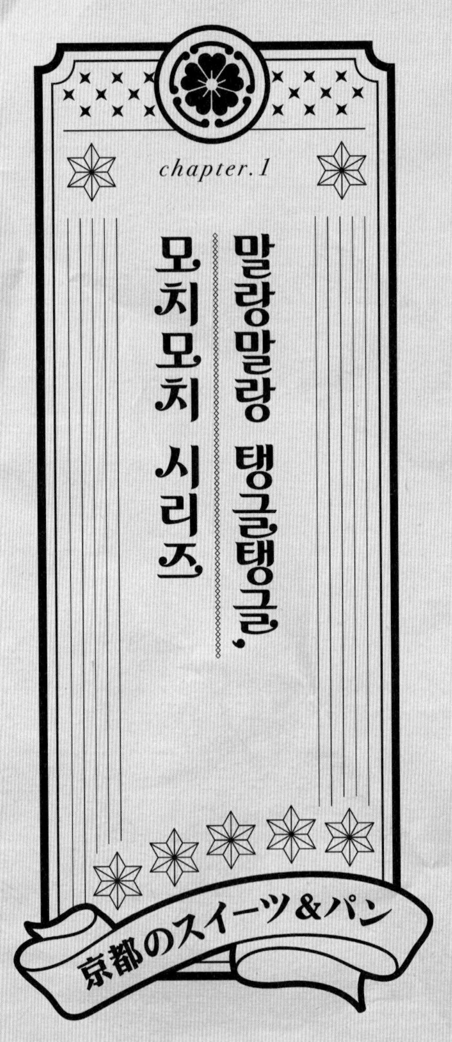
chapter.1
말랑말랑 탱글탱글,
모치모치 시리즈
京都のスイーツ＆パン

'푸른 하늘 은하수 하얀 쪽배에 계수나무 한 나무 토끼 한 마리.'

동요 「반달」에는 보름달 안에서 떡방아를 찧는 토끼가 등장한다. 만약 이 동요의 가사가 사실이라면 떡을 찧는 구수한 냄새와 뜨거운 열기가 뿜어져 나오던 어린 시절 떡집의 모습을 달에서 만날 수 있다는 것인데, 생각해보니 나 같은 떡순이에게 그만한 천국이 또 없다. 꿈에서만 그리던 우주여행을 떠난다면 일단 달에 도착하자마자 달토끼와 친분을 쌓고, 달에서 토끼가 매일같이 열심히 찧어대는 쫄깃한 떡을 얻어먹을 것이다. 그리고 가볍게 달 주위를 둥둥 떠다니며 바쁘게 돌아가는 지구를 느긋하게 남 일 보듯 내려다보는 것이다. 꽤 멋진 달여행이지 않나. 달구경도 식후경이니까.

애석하게도 민간 우주여행에 의한 달구경은 매년 '곧 갈 수 있다'는 이야기만 있을 뿐 실현되지 않은 지 벌써 17년이나 지났다고 한다. 그렇다면 언제 떠날 수 있을지 모르는 달여행이 아니라, 말랑말랑 갓 찧은 떡이 쉴 새 없이 나오는 교토의 오랜 전통 있는 떡집으로 일찌감치 목표를 수정하는 게 어떨까. 참고로 시간과 비용의 투자가 어마어마한 우주여행에 비해 교토는 인터넷으로 산 비행기 티켓 한 장이면 내일 당장이라도 갈 수 있다(물론 그것마저도 주머니 사정과 남은 유급휴가를 계산해보는 등 눈치 보이는 일은 많겠지만).

게다가 오사카 편을 보신 분들은 익히 알고 계시겠지만 일본에는 아직 한국에 대중적으로 알려지지 않은 '와라비모치*'라는 화과자가 있다. 교토의 시간이 멈춘 듯한 옛 풍경을 바라보며 와라비모치를 한입 베어 물면, 입안 가득 부드러운 달콤함이 퍼지면서 피로가 녹는 경험을 할 수 있다. 매일 전쟁

---

* 와라비모치(わらびもち): 고사리 뿌리에서 채취한 전분으로 만든 탱글탱글한 식감의 화과자.

같은 치열함 속에 살아가는 지구인에게 이는 더할 나위 없는 위로가 된다. 실제로 생소한 다른 화과자들에 비해 우리 입맛에 잘 맞는 화과자이기도 한 와라비모치는 도쿄 등 일본의 타 지역에서도 맛볼 수 있지만 뮤지컬도 본토 영국 현지에서 봐야 진가를 알 수 있다고, 디저트를 좋아하면 교토에서 와라비모치를 먹는 것은 필수코스이다. 지금까지 교토를 수차례 방문했지만 와라비모치 한번 먹어본 적 없다면, 영국 여행에서 뮤지컬을 보지 않고 독일여행에서 맥주 한 모금 마시지 않은 것과 같다. 하지만 이제까지의 여행에서 맛보지 못했다고 실망할 필요는 없다. 여기 우리가 몇 번이고 교토로 발을 옮기며 고르고 골라낸 '베스트 오브 베스트' 맛집들이 가득하니까.

出町ふたば

인생 콩떡을 만나다
데마치후타바

京の生菓子
出町ふたば
出町桝店街
丹波
大豆 福豆大福
まめ
丹 黒豆大福
鳴門金時いもあん
三室
だんご
花だんご草だんご
招福だんご
初春
桜餅
名代
豆餅
京生菓子
うさぎもち
備中白小豆
三日
節分
福豆大福
丹波 福豆の大福
厄除無病息災の茶に
いもあん
開運厄除
下鴨神社様ご所縁
福豆大福
いもあん
福豆大福
江州米
御餅
赤飯
招もち
ふ
志る
小もち
棒もち

떡순이가 만난 보석 같은 떡집

나는 '빵순이'임과 동시에 '떡순이'로 불릴 정도로 빵 못지않게 떡을 좋아한다. 밤늦게 아파트 단지에 "찹쌀~떡~" 하는 소리가 나면 자다가도 베란다 문을 열고 소리를 질러 불러서 먹곤 했고, 커다란 백설기나 무지개떡 한 판을 물 한 모금 없이 게 눈 감추듯 먹어치우는 것은 물론, 두텁떡, 증편, 쑥개떡, 감자떡, 경단, 시루팥떡 등 종류를 불문하고 사랑할 정도이다.

학창시절에는 밥을 먹고 나면 디저트로 떡을 먹어줘야 직성이 풀려서, 아파트 단지의 떡집 아주머니는 내가 가면 반색을 하며 꼭 한 팩씩 서비스를 주시곤 했다. 심지어 일본에 유학을 가면서도 가장 걱정했던 것이 한국에서 먹던 떡이 일본에는 없다는 것이었는데, 결국 학교를 다니는 1년 동안 다섯 번 정도 그 비싼 EMS로 일본까지 떡을 받아 먹었다. 이렇게 자타공인 떡순이로 살아온 30여 년, 나가사키에 사는 친구 밋 짱이 교토에 놀러 와서 나에게 알려준 보석과도 같은 떡집과 만나게 되었으니 바로 〈데마치후타바〉이다.

쉴 새 없이 돌아가는 명물 콩떡 가게

〈데마치후타바〉는 1899년에 창업하여 지금까지 무려 119년이나 같은 자리를 지켜온 노포 화과자집이다. 평일 주말 모든 시간대를 불문하고 동네 주민들은 물론 일본 각지에서 찾아온 사람들과 외국인 관광객까지 섞여서 가게 앞에 인산인해를 이루고 있는 모습이 장관이다. 그렇다고 너무 겁을 먹을 필요는 없다. 판매하는 종업원들이 워낙 많고 손놀림도 빨라, 20~30분 기다리면 이곳의 명물 콩떡을 손에 넣을 수 있기 때문이다. 가게 안쪽에서 하루 종일 따끈따끈 떡을 찧고 만들어 나르기 때문에 아주 늦게 가지만 않는다면 품절되어 사지 못하는 일도 거의 없다.

데마치후타바

가게 안 벽과 천장에는 셀 수 없이 많은 오래된 상장들이 붙어 있고, 그 밑으로 커다란 떡방아가 기세 좋게 떡을 찧는 모습과 막 찧어진 떡을 가지고 빠른 손놀림으로 앙금을 싸내는 숙련된 장인들의 모습이 보인다. 주위에는 떡을 담은 노란 플라스틱 상자가 수십 단이나 놓여 있으며, 다이후쿠(大福 찹쌀떡)가 서로 달라붙지 않도록 전분을 묻히고 있는 모습도 보인다. 이처럼 쉴 새 없이 척척 돌아가는 가게 안을 보고 있노라면, 마치 아침 시장의 활기찬 모습을 보는 것 같아 지루할 틈이 없다.

와라비모치와 모나카, 당고* 등 여러 종류의 화과자를 팔고 있지만, 이곳 〈데마치후타바〉의 간판 상품은 역시 '메이다이 마메모치(名代豆餅)'이다. 마메모치, 즉 콩 찹쌀떡은 콩을 넣어 만든 떡을 신에게 바치는 풍습이 있었던 이시카와현에서 태어난 창업자 구로모토 산지로(黑本三次郎) 씨가 '콩떡에 앙금을 넣어 교토에서 팔아보면 어떨까'라고 착상한 데서 시작되었다. 창업 당시의 전통적인 제조 방법을 100여 년간 지켜오면서 지금에 이르게 되었는데, 그렇다면 〈데마치후타바〉의 메이다이 마메모치가 이렇게까지 인기 있는 이유는 무엇일까.

우선 엄선된 재료를 사용한다. 떡의 악센트가 되는 붉은 완두콩은 홋카이도 평원의 계약 농가에서 알이 크고 단 콩만을 선별해서 받는 것이다. 이를 깨끗이 씻어 짭짤한 맛이 나도록 소금을 넣고, 부드러우면서 씹는 맛이 느껴질 만큼만 쪄내 사용한다. 그리고 앙금을 위한 팥은 질이 좋기로 유명한 홋카이도 도카치산을 택해, 이를 뭉근한 불에

---

* 당고(だんご): 곡물가루에 따뜻한 물을 부어 만든 반죽을 둥글게 빚어 찌거나 삶은 화과자.

1. 메이다이 마메모치名代豆餅
2. 사쿠라모치桜餅
3. 산보당고三宝だんご

삶고 껍질을 정성스레 제거한 뒤 부드러운 코시앙*을 만들어 숙성시켜 사용한다. 또한 떡을 만드는 찹쌀은 시가현의 하부타에모치**라는 찹쌀의 햅쌀로서, 이를 떡방아기에 두 번 찧어 쫄깃쫄깃하고 부드러운 떡을 만든다.

마지막으로 이렇게 좋은 재료를 모두 합하는 과정 역시 중요하게 다루어진다. 갓 찧은 떡에 '이렇게나 많이?'라고 생각될 정도로 붉은 완두콩을 듬뿍 넣어 떡과 잘 섞고 앙금을 넣고 싸는데, 이 작업이 포인트이다. 가능한 한 떡과 앙금이 손에 머무는 시간을 짧게 하면서 앙금이 떡의 중앙에 놓이도록 재빨리 떡으로 부드러운 앙금을 싸는 것. 이것이

———

* 코시앙(漉し餡): 팥 알갱이를 뭉개서 만든 고운 앙금.
** 하부타에모치(羽二重糯): 일반 찹쌀에 비해 윤기, 끈기, 늘어남 등이 더 있는 고급 찹쌀로, 떡을 만들면 식감 등이 더 좋다.

떡의 풍미를 살리며 부드럽게 완성시키는 비밀 중 하나인 것이다. 일본어로 '호안(包餡)'이라고 불리는 이 과정이 얼마나 어려운지, 일반인이 보면 별것 아닐 수 있지만 내가 제과학교와 연수를 거치며 죽어라 연습했음에도 제대로 하지 못하고 돌아온 과정이다. 그런데 이곳의 장인들은 이 과정을 손이 보이지 않을 만큼 눈 깜짝할 사이에 해내는 것이다. 긴 세월이 묻어나는 숙련된 솜씨를 보고 있으면 부럽다 못해 감탄이 절로 나온다.

또 한 명의 떡순이 탄생

이렇게 완성된 메이다이 마메모치는 손바닥에 쏙 들어갈 정도의 귀여운 사이즈이지만, 들어보면 묵직할 정도로 콩과 앙금이 많이 들어 있다. 한입 베어 물면 절묘한 간에 약간 단단하게 삶아낸 붉은 완두콩과 달콤하고 부드러운 앙금이 어우러지고, 쭈욱 늘어나는 쫄깃한 떡이 이와 환상적인 하모니를 이룬다. 다만, 보존료 등을 일절 사용하지 않기 때문에 유통기한이 당일이다. 한번은 먹고 싶은 떡을 다 고르고 나서 점원에게 "혹시 다 못 먹으면 냉동실과 냉장실 중 어디에 보관하는 것이 좋아요?"라고 물어보았는데, 정말 얼굴 표정을 싹 바꿔 정색을 하며 소비기한이 당일이니 오늘이 아니면 먹을 수 없다고 단호하게 말하는 것이 아닌가. 솔직히 순간 기분이 상하려 했지만, 그만큼 재료나 과정에 자부심을 갖고 최상의 상태로 손님이 먹어주었으면 하는 바람이 있는 것이라고 받아들이기로 했다.

그래서 백화점에서도 메이다이 마메모치를 판매하는 날이 있긴 하지만, 운반하느라 반나절이 지난 것과 이곳에서 갓 만든 것을 바로 먹는 것과는 천지 차이가 난다. 역시 일부러 와서 줄을 서는 수고를 하더라도 이곳에서 직접 사 먹는 것을 추천한다. 구입 후 날씨 좋은 날에는 가모가와(鴨川)와 다카노가와(高野川)의 두 강줄기가 만나는 강변에 앉아 피크닉 기분을 내며 먹을 수도 있고, 다 먹고 나서는 유네스코 세계문화유산에 등재되어 있는 시모가모 신사(下鴨神社)가 근처에 있으니 교토의 옛 정취를 느끼며 한번 둘러봐도 괜찮을 것 같다.

이 책을 준비하면서 공동저자인 수진 상(내가 그녀를 부르는 호칭)에게 이곳의 명물 메이다이 마메모치와 함께 몇 가지의 화과자를 건네준 적이 있다. 바로 그날 저녁 그녀로부터 '인생 마메 다이후쿠'라는 메시지가 돌아왔다. 이렇게 또 한 명을 이곳의 '떡순이'로 만들었다.

ABOUT STORE

add 　　　京都府京都市上京区出町通今出川上ル青龍町236
way to 　게이한열차(京阪電車) 오토선(鴨東線) 데마치야나기역(出町柳駅)에서 도보 5분. 5번 출구로 나와 뒤를 돌면 보이는 다리를 건너 계속 직진하면 상점가에 사람들의 행렬이 보인다.
tel 　　　075-231-1658
time 　　08:30〜17:30
closing day 화요일, 매월 4번째 수요일, 설 연휴

기온토쿠야

라이브처럼 즐기는 100%의 와라비모치

남편에게 걸려온 한 통의 전화

평일 오후 9시쯤 갑자기 남편에게서 전화가 왔다. 남편은 12시까지 일하는 건 기본인 요리사여서 영업시간에는 전화는커녕 메시지를 보낼 여유도 없을 텐데 웬일인가 싶었다.

"여보세요? 무슨 일이야?"

"아, 지금 한국인 손님이 와 있는데, 쿠즈키리*가 한국어로 뭐야? 쿠즈(葛)가 한국어로 뭐야?"

"칡! 칡이라고 해."

"칙?"

"어, 칡."

"칙? 칙?? 칙!"

핸드폰 너머로 누군가에게 '칙칙'거리는 남편의 목소리가 들려왔다. 칡에 대해 설명할 수 있는 한국말을 알려주고 싶었지만, 남편이 아는 한국어라고는 '안녕하세요', '감사합니다', '잘 자', '하지 마' 정도인지라 그것 역시 힘들었다. 결국 갑갑함에 못 이겨 전화를 바꿔 직접 간

---

* 쿠즈키리(葛切リ): 쿠즈코(葛粉)라는 칡뿌리에서 채취한 전분으로 만드는 화과자로, 국수 가락처럼 잘라서 흑설탕 시럽(黒蜜)과 함께 먹는데 차가운 느낌이 있어 보통 여름에 즐겨 먹는다.

단히 설명해드렸다. 초면에 갑자기 단어 설명을 하자니 약간 쑥스럽기도 했지만 전화를 끊고 생각해보니 더 자세히 할 걸 하는 아쉬움이 남았다. 모처럼 일본에 와서 일본요리를 만끽하는데, 쿠즈키리의 진가를 모두 알지 못한 채 먹고 나서 단지 '맛있다'로 끝나면 내가 다 안타까울 것 같았기 때문이다.

주문과 동시에 만드는 '라이브' 디저트

2012년 일본 오사카로 유학을 온 지 일주일도 채 되지 않았을 때 운 좋게 아르바이트 자리를 구할 수 있었다. 그것도 가벼운 카페 같은 곳이 아닌 오사카의 긴자로 불리는 기타신치에서 근 40년간 자리를 지켜온 고급 일본요릿집에서 말이다. 일도 서툴고 일본어도 서툴러서, 하는 거라고는 "오하요고자이마스(おはようございます)" 하며 인사하는 것뿐이었던 나를 고맙게도 거의 모두가 친절하게 잘 대해주었다. 일이 끝나고 남은 요리를 맛 보여주는 선배들도 있었고, 랩에 싸서 내일 아침으로 먹으라는 분도 있었다(분이라고 하니 정말 어색한데 '그분들' 중 한 명이 바로 지금의 남편이다). 그 덕에 난 이 고급요릿집의 비싼 요리들을 수당까지 받아가며 맛볼 수 있었다.

'쿠즈키리' 또한 그중 하나였다. 한국에선 듣도 보도 못했던 디저트였던지라 비교적 간단한 조리 방법에도 불구하고 하나하나가 신기했다. 우선 볼에 쿠즈코와 설탕을 넣고 덩어리가 뭉치지 않게 물을 조금씩 넣어 저으면서 잘 녹인다. 그리고 네모난 요리용 접시에 넣고 뜨거운 물에 중탕을 시켜, 하얗던 색이 투명해지면 재빨리 얼음물에 담가 식히고 얇은 우동 면을 자르듯 잘라내 그릇에 담는다. 마지막으로 여기에 흑설탕 시럽을 뿌리거나 아니면 별도로 내어준다. 이렇게 주문과 동시에 만드는 디저트는 처음 접한 데다, 칙칙한 색에 씁쓸하고 몸에만 좋을 것 같은 칡뿌리 전분으로 이렇게 달콤한 디저트를 만든다는 것이 놀라웠다. 게다가 아무런 첨가물을 넣지 않아 바로 먹지 않으면 식감이 변하기 때문에 정말 '라이브'로 먹어야 그 진가를 알 수 있는 디저트였다.

한순간에 사라지고 마는 안타까운 행복

이렇게 '라이브'한 느낌의 일본식 디저트를 맛볼 수 있는 곳이 있다. 바로 교토 기온(祇園)에 위치한 〈기온토쿠야〉이다. 교토의 정서가 물씬 풍기는 하나미코지(花見小路)에 위치한 이곳은 오픈 시각인 12시 전부터 디저트를 먹기 위한 손님들로 긴 행렬을 이룬다. 마치 라이브 공연장에 입장하는 관객들처럼 말이다. 이곳의 명물은 두말할 것 없이 혼와라비코*를 100퍼센트 사용한 '혼와라비모치(本わらびもち)'이다.

'혼와라비모치'로 유명한 곳인 만큼 일본 국내산 혼와라비코와 고급

---

* 혼와라비코(本わらび粉): 질 좋은 고사리뿌리의 전분.

기온토쿠야

스러운 단맛을 가진 와산봉*을 이용해서 만들고 있다. 주문 후 즉시 만들어서 갓 완성된 뜨거운 와라비모치는 곱게 갈린 얼음 위에 얹혀 나온다. 이는 완성과 동시에 노화가 시작되는 특성 때문에 점주 야마우치(山內正悟) 씨가 와라비모치를 가장 맛있을 때 손님들에게 제공하기 위해 생각해낸 방법이다. 하지만 와라비모치 입장에서 보면 뜨거운 사우나에서 정신없이 휘저어지다가, 탱글탱글 뭉쳐져 이쪽저쪽 굴려지다가, 갑자기 냉탕보다 더 차가운 얼음 위에 올라가 벌을 서는 것 같아 조금 가여워진다.

〈기온토쿠야〉에서 제 한 몸 희생을 아끼지 않고 차갑게 떨고 있을 와라비모치를 먹는 방법은 먼저 아무것도 뿌리지 않고 그대로 먹어, 와산봉의 부드럽고 고급스러운 단맛을 느끼는 것이다. 쭈욱 늘어난 와라비모치를 입에 넣으면 말랑말랑하면서도 입에 부드럽게 달라붙는 쫄깃함이 느껴지며, 와산봉의 격이 다른 달콤함이 잔잔하게 남는다. 두세 번째 베어 물 때부터는 꽃 모양 틀에 고상하게 찍혀 나온 고소한 콩가루와 달콤한 흑설탕 시럽을 취향에 따라 뿌려 먹는다(개인적으로는 7:3의 비율로 뿌려 먹는 것이 베스트였다). 1인분에 여덟 조각으로 양이 많지 않기 때문에 먹다 보면 언제 있었냐는 듯 금방 사라져버린다. 한순간의 달콤함만을 남긴 채 사라지는 것이다. 계산은 앉은 자리에서 직원에게 정산서를 넘기고 하는 시스템이므로 애써 카운터를 찾을 필요는 없다.

---

* 와산봉(和三盆): 고급 화과자에 사용되는 연한 황토색의 고급 설탕으로, 결정이 매우 가늘고 깊은 맛이 나면서도 부드러워 입에 넣으면 바로 녹아버리는 특징이 있다.

1. 혼와라비모치本わらびもち와 맛차 쿠즈모치
   お抹茶の本くずもち
2. 혼와라비모치本わらびもち

또다시 전화가 오면

참고로 쿠즈모치*와 쿠즈키리는 제조법이 다르고 생김새나 식감에도 차이가 있다. 혹시나 쿠즈키리 쪽이 궁금하다면 봄여름쯤 현재 남편이 점장으로 있는 일본요리 오뎅집 〈망우(万ん卯)〉를 찾는 것도 괜찮은 방법일 수 있겠다. 쿠즈키리 대신 와라비모치가 후식으로 나가는 경우도 있다. 또다시 설명이 힘든 일본어가 나오는 상황이 오면 나에게 전화가 걸려올 것이다. 그러면 또 나는 초면에 어색해하면서 자세히 설명한다는 걸 잊어버릴지도 모른다.

'안녕하세요. 그러니까 쿠즈키리의 쿠즈는 칡이에요. 칡냉면이나 칡즙 할 때 그 칡!'

---

* 쿠즈모치(葛もち): 칡뿌리에서 얻은 흰 가루로 만드는 화과자로, 투명 또는 반투명한 색에 부드럽고 식감이 독특하다. 콩가루 또는 검은 꿀과 함께 먹는다.

ABOUT STORE

add	京都府京都市東山区祇園町南側570-127
way to	게이한열차(京阪電車) 게이한본선(京阪本線) 기온시조역(祇園四条駅) 6번 출구에서 도보 6분. 6번 출구로 나와 야사카 신사(八坂神社) 방향으로 250미터 정도 걷다가 하나미코지(花見小路) 방향으로 우회전해서 150미터 정도 직진하면 왼편에 보인다.
tel	075-561-5554
time	12:00~18:00(소진 시 일찍 종료하는 경우가 있음)
homepage	http://gion-tokuya.jp/

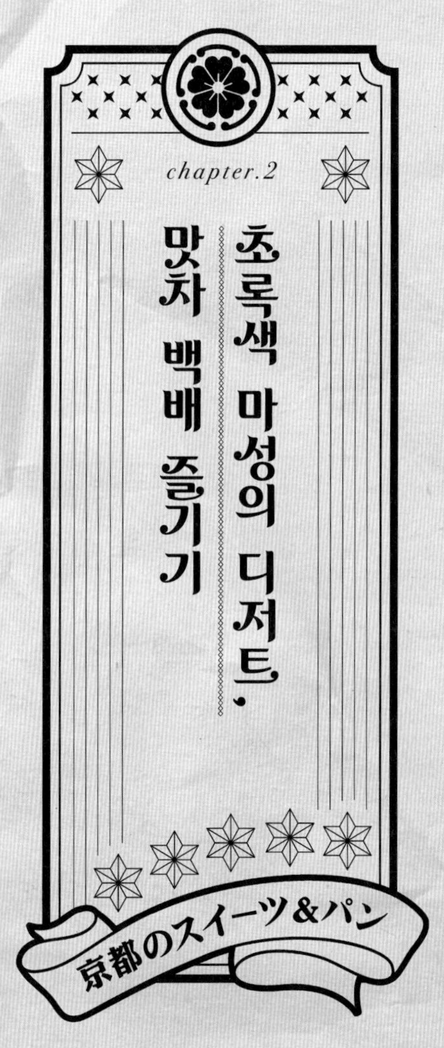

chapter.2
초록색 마성의 디저트,
맛차 백배 즐기기
京都のスイーツ&パン

학창 시절, 집에 쟁여둔 과자들은 모두 내 뱃속으로 들어갔다. 마시멜로의 말랑말랑한 식감이 '정(情)'감 가는 국민 간식 초코파이, 학교 매점에서 질리도록 사 먹은 달콤한 초코 케이크 몽쉘, 이름만 들어도 빨간색 패키지에 네모난 비주얼이 떠오르는 오예스…. 일본에도 비슷한 과자들이 많았지만(심지어 이름마저 같은 것이 있지만) 20년 이상을 먹고 지낸 것이 한국 과자이다 보니 '원래의 맛'이 가끔 생각날 때가 있었다. 그래서 한국에 가면 뻔히 아는 맛이라도 기억을 되새기듯 이것들을 곧잘 사 먹곤 했다.

그런데 작년 겨울쯤인가. 한국 대형 마트의 과자 코너에 갔더니 온통 초록색으로 치장된 과자들이 진열대를 빼곡히 차지하고 있는 게 아닌가. 내 추억의 과자들이 너도나도 배신이라도 하듯 초록색 옷으로 갈아입은 것이다. 일본에서는 맛차*맛 하면 꼭 먹어볼 정도로 좋아했지만 이것들에는 어쩐지 손이 나가질 않아서 '원래의 맛' 과자들을 찾느라 마트를 한참 헤맨 기억이 있다.

내 머릿속 교토를 색으로 말하라면, 망설임 없이 "초록색!"이라고 할 것이다. 이것은 유명한 맛차 산지인 우지(宇治)가 있기 때문인데, 교토에는 우지에서 재배한 찻잎을 사용한 찻집 혹은 디저트 가게가 많다.

맛차 디저트 가게로는 〈사료츠지리(都路里)〉나 〈나카무라토키치(中村藤吉)〉 정도가 한국인에게 많이 알려져 있다. 나도 관광객으로 일본을 찾았을 때 줄 서서 먹은 곳들이긴 하지만, 현지에 살면서 발견한 보물 같은 가게들을 소개하고자 한다. 한국에는 비교적 덜 알려졌지만 두 가게에 못지않게 맛있는, 맛차 러버들이라면 두 손 들고 환호할 만한 곳들이다.

---

* 녹차(綠茶)와 맛차(抹茶)는 생산과정부터 맛까지 다르다. 잎으로 된 녹차와 달리 맛차는 찻잎을 곱게 갈아내 가루 형태로 즐긴다. 녹차는 연하고 씁쓸한 맛이 강한 편이며, 맛차는 단맛과 우마미(うま味 인간의 혀로 느낄 수 있는 다섯 가지 기본 맛 중의 하나로, 맛있음을 표현. 일본의 학자가 발견)가 있다.

茶寮翠泉

사료스이센

맛차맛 종합선물세트를 맛보고 싶다면

일본차 감정사가 엄선한 차를 사용한 디저트를 맛볼 수 있는 카페. 특히 맛차맛 과자 라인업이 풍부해 맛차 마니아들이 즐겨 찾는 곳이다.

가장 인기 있는 메뉴는 '스이센 파르페(翠泉パフェ)'이다. 파르페는 크림만 잔뜩 들어 있고 느끼하다는 고정관념을 깨며 알찬 구성과 맛을 자랑한다. (게다가 〈사료츠지리〉보다 가격도 500엔이나 저렴하다!) 쫀득한 질감의 맛차맛 도라야키* 생지에 맛차 앙금과 팥을 샌드한 '맛차 도라야키(抹茶三笠)', 맛차를 넣어 만든 '와라비모치', 주문과 동시에 삶아서 부드럽고 쫄깃한 '하얀 경단(白玉)', 촉촉하게 구워진 '맛차 피낭시에**', 보송보송 쌉싸름한 '맛차 스펀지', 뭔가 그리운 맛의 바삭한 '맛차 롤 과자', 맛차와 최강 콤비를 자랑하는 '츠부앙***', 농후한 맛차의 맛으로 쌉쌀함과 달콤함의 밸런스가 완벽한 '맛차 소프트크림', 한천****으로 만든 맛차 젤리, 맛차의 모든 것이 들었다고 해도 과언이 아닐 정도로 켜켜이 들어찬

---

* 도라야키(どら焼き): 밀가루, 계란, 설탕을 섞은 반죽을 둥글납작하게 구워 두 쪽을 맞붙인 사이에 팥소를 넣은 화과자.
** 피낭시에(Financier): 버터, 설탕, 밀가루, 달걀흰자, 간 아몬드를 오븐에 넣어 구운 빵으로, 보통 후식으로 먹는다.
*** 츠부앙(粒餡): 팥 알갱이를 뭉개지 않고 만든 앙금.
**** 한천: 우뭇가사리 등을 끓여서 식혀 만든 끈끈한 물질.

스이센 파르페翠泉パフェ

데키타테 와라비모치できたてわらび餅

귀하디귀하다는 일본 국내산 고사리 전분 가루를 사용해 고급 맛차를 넣고 만든 와라비모치. 주문과 동시에 만들기 시작하는(데키타테できたて 음식이 갓 나온 상태) 이곳의 와라비모치는 웬만한 모치 전문점보다 뛰어난 맛과 식감을 자랑한다.

사료스이센

1. 맛차 몽블랑抹茶モンブラン
2. 부드럽고 진한 맛차 라떼 3D아트まろ濃い抹茶ラテ3Dアート

과자들, 마지막에 입안을 깔끔하게 정리해주는 흑설탕 젤리까지. 무엇 하나 빈틈없는 구성이다. 가히 Parfait(파르페, 영어로 Perfect)하다.

이곳의 또 하나의 인기 메뉴는 '부드럽고 진한 맛차 라떼 3D아트(まろ濃い抹茶ラテ3Dアート)'이다. 라떼류에 우유 거품을 이용해 입체적인 모양을 만들어주는 3D아트를 맛차맛으로 즐길 수 있는 곳이 바로 〈사료 스이센〉이다. 모양은 선택할 수 없지만 반대로 어떤 모양으로 나올지 기대하는 재미가 있다. 부드럽고 달콤한 우유 거품과 쌉쌀하고 농후한 맛차가 어우러져 가슴 속에 따뜻하게 스며드는 맛에 눈까지 즐겁다. 신선한 우유와 질 좋은 맛차 외에는 아무것도 넣지 않아 둘만의 조합을 온전히 즐길 수 있으며, 달지 않아 다른 디저트와 매치하기도 좋다.

사료스이센 다카쓰지 본점 茶寮翠泉 高辻本店

add	京都府京都市下京区高辻通東洞院東入稲荷町521 京都高辻ビル 1F
way to	지하철 가라스마선(烏丸線) 시조역(四条駅) 5번 출구에서 도보 3분. 5번 출구로 나와 130미터 정도 직진해서 세븐일레븐이 보이면 그 안쪽 골목으로 좌회전해서 160미터 정도 가면 오른쪽에 보인다.
tel	075-278-0111
time	10:30~18:00(Last order 17:30)
closing day	부정기
homepage	http://saryo-suisen.com/

사료스이센 가라스마오이케점 茶寮翠泉 烏丸御池店

add	京都府京都市中京区両替町通押小路上ル金吹町461
way to	지하철 가라스마선(烏丸線) 가라스마오이케역(烏丸御池駅) 2번 출구에서 도보 2분. 2번 출구로 나와 뒤돌아서 코너를 돌아 150미터 정도 직진하면 로손(LAWSON)이 보이는데, 그 안쪽 골목으로 들어가 70미터 정도 가서 첫 번째 골목으로 우회전하면 20미터 앞 오른쪽 빌딩 1층에 보인다.
tel	075-221-7010
time	10:30~18:00(Last order 17:30)
closing day	부정기

우메조노 카페 & 갤러리

うめぞの CAFE & GALLERY

달콤한 구름을 입에 머금은 듯

갑자기 점원이 헐레벌떡 계단을 뛰어 올라와 큰소리로 손님을 찾았다. 작은 매장에 소리가 가득 울려 퍼져 모든 손님이 이쪽을 보았다.

"창가 자리 손님 계세요? 주문하신 핫케이크 나왔습니다."

"저요?"

"맛차 핫케이크 주문하셨죠?"

"아, 벌써요?"

이곳의 갤러리를 구경하기 위해 2층에 갔다가 마침 그곳에 있던 작가를 만나 한창 이야기를 나누던 중 주문했던 메뉴가 나온 것이다. 점원을 따라 1층으로 내려가니 연한 녹색의 도톰한 팬케이크 두 장이 정갈하게 놓여 있었다. 특이하게도 나이프와 포크가 아닌 젓가락과 함께.

폭신폭신하게 잘 부푼 '맛차 핫케이크(抹茶のホットケーキ)'를 잘라 따끈따끈할 때 입에 넣었다. 젓가락이 몽실몽실 구름을 가르듯 저항 없이 들어가더니, 솜사탕처럼 씹은 줄도 모르게 녹아내리며 맛차의 신선한 향과 씁쓸함이 퍼졌다. 다음은 함께 나온 시럽을 뿌려서 먹어보았다. 고급스러운 단맛의 메이플 시럽이 맛차 팬케이크에 촉촉함을 더하며 달콤하게 입에 감겼다. 그다음은 홋카이도 도카치산 팥을 사용한 수제 코

우메조노 카페 & 갤러리

교토에 디저트 먹으러 갑니다

시앙을 얹어 함께 먹었다. 이것도 맛있었다. 정갈한 안뜰을 바라보며 앙금을 곁들인 맛차 팬케이크를 먹는 일. 교토의 오래된 분위기를 한껏 살린 이곳에 제격이라는 생각이 들었다. 다음으로는 네모나게 올려진 버터조각과 먹어보았다. 깊고 부드러운 단맛의 오키나와 하테루마지마산 흑설탕 버터(黒糖バター)는 먹으면 먹을수록 없어지는 것이 아쉬울 정도였다. 고급스럽고 진한 단맛이 고소한 버터의 풍미와 함께 맛차의 맛을 저 깊은 곳에서 힘껏 끌어올려 주는 듯했다. 그러고 보니 팬케이크를 좋아해 이곳저곳 많이 다녔지만, 흑설탕 버터를 곁들여주는 곳은 이곳이 처음이었다.

해가 사위는 이른 저녁쯤 우연히 이곳을 찾아 들어온 내 두 다리를 칭찬하며, 한입 한입 감동하며 팬케이크를 다 먹었다. 그때, 조금 전 나를 찾았던 점원이 빈 잔에 물을 채워주며 말을 걸어왔다.

"한국인이세요?"

"아, 네."

"처음 뵙겠습니다. 잘 부탁드려요."

"어머, 한국어 잘하시네요?!"

"아니에요. 조금밖에 못해요."

가냘픈 몸매에 수줍게 웃는 모습이 예쁘던 아야 짱과의 대화는 그렇게 시작되었다. 그녀는 한국 아이돌 2PM, 그중에서도 특히 택연을 좋아해서 한국 드라마를 보며 한국어 공부를 하고 있다고 했다. 일본에 살면서 한국어를 하는 사람을 보면 나도 모르게 친근감이 배가되는데, 그녀가 한국을 좋아한다고까지 하니 더없이 반가웠다. 그 이후 우리는

우메조노 카페 & 갤러리

이야기를 나누며 LINE 아이디까지 교환하는 사이가 되어, 한국에 돌아온 지금도 연락을 주고받곤 한다.

작은 배려가 빛나는 카페

〈우메조노 카페 & 갤러리〉는 1927년 창업한 디저트 가게 〈우메조노(梅園)〉에서 2010년 오픈한 카페이다. 100년 된 상가를 개조해 만든 고풍스러운 외관은 주위 오래된 가옥들 사이에서 튀지 않고 배경에 잘 녹아들어 있다. 조용하고 차분한 분위기에 오래 앉아 있을 수 있어 아늑한 풍경의 교토를 구경하고 휴식 겸 들리기에 좋다.

덧붙여 여름에는 한정 판매되는 '우지맛차 빙수(宇治金時白玉)'를 맛

보고 오면 좋겠다. 우지맛차 시럽을 듬뿍 뿌려 싱그런 녹색을 발하는 빙수와 우지산 팥인 우지킨토키(宇治金時), 하얀 경단이 따로 제공되는데, 차가운 빙수 위에 올려서 나오면 경단이 딱딱해져 식감이 좋지 않기 때문에 다른 접시에 제공되는 것이다. 이것을 거칠게 간 빙수 위에 올려 먹어도 되고, 따로 조금씩 먹어도 된다. 먹다가 얼음이 녹아서 맛이 옅어지면 함께 나온 맛차 시럽을 더 뿌려서 먹는다. 이러면 끝까지 진한 맛차향을 즐기며 맛있게 먹을 수 있다. 친절한 서비스만큼이나 이런 작은 배려가 빛나는 카페에서라면 교토여행을 한층 더 우아하게 즐길 수 있을 것 같다.

ABOUT STORE

add	京都府京都市中京区不動町180
way to	지하철 가라스마선(烏丸線) 시조역(四条駅) 또는 한큐열차(阪急電鉄) 교토본선(京都本線) 가라스마역(烏丸駅) 22번 출구에서 도보 6분. 가라스마역 22번 출구로 나와서 맥도날드가 있는 방향으로 200미터 직진하고, 딘앤델루카(DEAN & DELUCA) 카페를 지나자마자 좌회전해서 다코야쿠시도오리(蛸薬師通)로 350미터 가량 직진하면 왼편에 보인다.
tel	075-241-0577
time	11:30〜19:00(Last order 18:30)
homepage	http://umezono-kyoto.com/cafe/

우메조노 카페 & 갤러리

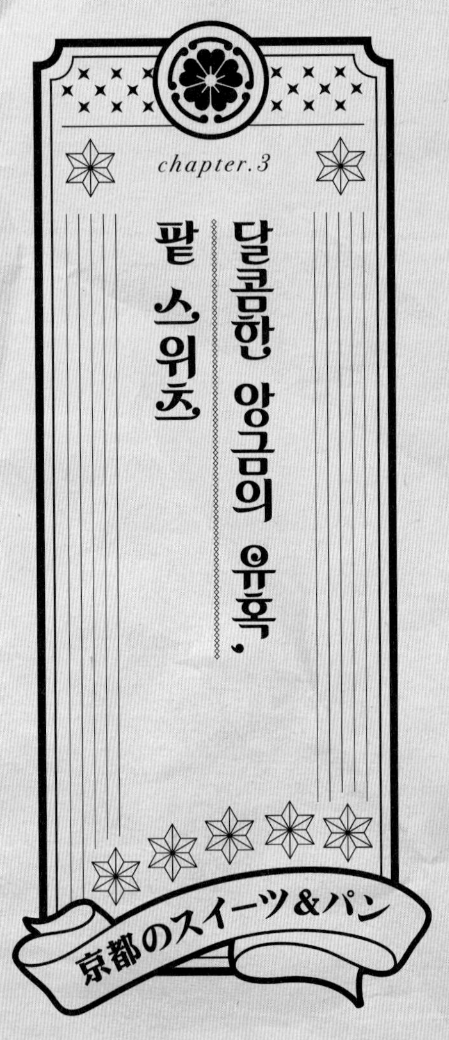

chapter.3
달콤한 앙금의 유혹,
팥 스위츠
京都のスイーツ＆パン

한국에서도 팥죽이나 팥빙수, 그리고 떡의 앙금 등 앙금을 사용하고 있지만, 일본은 그 종류가 훨씬 많고 다양하다. 이는 팥 자체의 종류도 다양한 데다 팥이 아닌 고구마, 단호박 등 채소로 만든 앙금, 유자 등의 과일이나 된장, 초콜릿과 흰 앙금을 섞어 만든 앙금 등 무한하리만큼 다양한 앙금이 있기 때문이다. 예를 들면, 일본의 편의점이나 슈퍼에서 볼 수 있는 봉지에 든 단팥빵(あんパン 앙빵)도 일본에서는 츠부앙과 코시앙 두 가지로 나뉘며, 계절에 따라 봄에는 사쿠라 앙금, 가을과 겨울에는 밤이나 유자향이 든 밤 앙금, 유자 앙금빵이 나오기도 한다.

이 앙금들은 화과자의 세계에서 인기의 주역급으로 활약한다. 매 작품마다 새로운 역량을 발휘하고 변신을 거듭하는 실력파 배우처럼, 앙금은 도라에몽이 좋아한다는 도라야키부터 모나카, 오하기*, 요캉(羊羹 양갱) 등 화과자의 맛을 좌우하는 결정적인 역할을 해낸다.

내가 화과자집에서 연수를 받던 시절 매일같이 한 일 중 하나가 다음 날 앙금을 만들 팥을 전날 씻어서 불려놓는 작업이었다. 질 좋은 홋카이도산 팥으로 가득 찬 30킬로그램짜리 포대를 온 힘을 다해 들어 올려 커다란 통에 넣고 꼼꼼하게 세 번 씻는 작업을 하고 나면, 한겨울에도 온몸이 땀으로 젖을 만큼 힘이 들었다. 하지만 다음날 그것들은 코시앙이나 츠부앙이 되고, 열기 속에서 삶아지며 구수한 냄새를 가게 가득 메우는데, 그 냄새가 내 마음을 차분히 가라앉히며 행복감으로 가득 채워주곤 하였다. 어둡고 긴 터널을 혼자서 걸어가는 고단한 나날이었지만, 내 손으로 한 알 한 알 정성스레 씻긴 팥알들이 저마다의 역할을 훌륭히

---

* 오하기(おはぎ): 화과자의 일종으로, 찹쌀을 쪄서 그 안에 앙금을 넣어 타원형 등으로 모양을 만든 다음 콩가루 등을 뿌리거나 찐 찹쌀을 앙금으로 싼 떡과 같은 것.

달콤한 앙금의 유혹, 팥 스위츠

해내는 것을 보며 뿌듯한 마음에 매일 적잖은 위로를 받았던 것 같다.

앙금이야 팥에 설탕을 넣어 만든 달콤한 것, 그게 뭐 그렇게 큰 차이가 있나 하는 사람이 있을지 모르겠다. 하지만 매일 팥을 씻고 삶고 맛보다 보면 그 차이는 의외로 꽤 크다. 모든 식재료가 그렇겠지만, 팥은 온도 조절 타이밍과 당도를 조절하는 재료 등에 의해 전혀 다른 맛과 식감의 앙금이 되기 때문이다. 이렇게 알면 알수록 무한매력을 지닌 앙금에 푹 빠져 화과자의 길을 택했다고 해도 과언이 아닐 만큼 앙금을 사랑하는 내가 운동화 바닥이 닳아 없어질 정도로 발품을 팔고 판 끝에 알아낸 소중한 비밀 리스트를 지금부터 공개한다.

うめぞの茶房

우메조노사보

무한한 요캉의 세계를 만나다

우리나라에서는 '요캉'이라 하면 보통 '연양갱'을 떠올린다. 우리 아빠도 팥의 달콤한 맛이 좋아서 어릴 적부터 드셨다는데, 새삼 검색을 해보니 1945년부터 판매하기 시작한 우리나라에서 가장 오래된 과자라고 한다. 이렇게 연양갱 같은 요캉은 보통 우뭇가사리를 가공시켜 만든 한천을 앙금과 함께 넣고 저어 굳힌 것으로 '네리요캉(練り羊羹)'이라고 하는데, 장시간 보존하기 위해 설탕을 많이 넣고 당도를 높여 단단하게 굳힌 것이 일반적이다.

나 역시 이런 단단하고 다디단 네리요캉만 알고 일본에 왔는데, 제과학교와 화과자집을 거쳐보니 일본에는 요캉의 종류가 아주 많았다. 예를 들면, 앙금에 들어가는 한천의 양이 적어 부드럽고 촉촉해 여름에 즐겨 먹는 '미즈요캉(水羊羹)', 앙금 없이 한천과 물, 설탕을 넣고 높은 온도까지 끓인 후 식히고 굳혀 안에 장식을 넣어 만드는 모양이 아름다운 '킨교쿠캉(錦玉羹)', 도묘지코*를 쪄서 넣어 만드는 킨교쿠캉인 '미조레캉(みぞれ羹)', 달걀흰자로 머랭**을 만들고 킨교쿠캉과 섞어 마시멜

---

* 도묘지코(道明寺粉): 찹쌀을 찌고 건조해서 쌀알을 1/2, 1/4, 1/6로 나눈 쌀.
** 머랭(Meringue): 달걀흰자에 설탕을 넣고 세게 저어 거품을 낸 것.

로처럼 말랑말랑하게 만드는 '아와유키캉(淡雪羹)', 앙금에다 한천 대신 쿠즈코와 밀가루 등을 넣고 쪄서 굳혀 만드는 '무시요캉(蒸し羊羹)' 등 여러 종류가 있었다.

요캉만 보면 떠오르는 그녀

이렇게 '요캉' 이야기를 하다 보면, 학교를 졸업하고 1년간 연수했던 나라(奈良)의 한 화과자집의 니노미야 씨가 생각난다. 내가 일하던 화과자집의 작업장은 작업 분위기가 엄숙한 것은 물론이고, 교대로 돌아가며 몇 명씩 밥을 먹는 시간마저도 다들 고개를 푹 숙이고 잡담은커녕 5분도 채 되지 않는 시간에 밥을 마시듯 먹고 다시 일을 시작하는 분위기였는데, 그런 숨 막히는 분위기 속 한 줄기 빛과 같은 존재가 바로 니노미야 씨였다.

그녀는 그 화과자집에서 선대부터 함께 일해온 분이셨는데, 60대 후반의 연세에 자그마한 체구의 일본 여자들과는 달리 키도 170센티미터는 됨직해서 나와 거의 비슷했고, 높은 톤의 목소리에 웃는 것과 걸음걸이가 호탕해서 여장부 느낌을 주었다. 비록 연세가 연세인지라 매일 출근을 하시지는 않았지만, 주말이나 바쁜 날에는 일을 도와주러 나오셨다(안 바쁜 날이 없다는 게 함정이라면 함정이겠지만). 워낙 일해온 경험도 많고 손도 빨라서 어려운 화과자 제조도 못하는 게 없을 정도였다. 그 까다로운 점주 스즈키 씨도 그녀의 말이라면 깜박 죽고, 쇼가츠

교토에 디저트 먹으러 갑니다

(正月 설날)나 오봉(お盆 추석) 같은 명절에는 그녀가 없으면 공장이 돌아가지 않을 정도로 필수불가결한 존재였다. 그녀가 작업장에 나타나는 날에는 대개 내 옆에 붙어 이것저것 가르쳐주며 함께 일했는데, 포장이나 설거지하는 요령을 알려주기도 하고, 일의 순서나 선배들의 어떤 점을 보고 배워야 하는지, 화과자가 어떻게 만들어지는지 등 아무도 알려주지 않던 것들을 마치 엄마처럼 자세히 알려주셨다. 게다가 숨 막히는 작업장 분위기 속에서 이런저런 수다도 떨어주시고, 나를 걱정해주는 말도 자주 걸어주는 자상한 분이셨다.

그런 그녀와 같이 수도 없이 많은 작업을 했지만, 무엇보다 가장 기억에 남는 작업은 '요시노캉(吉野羹)'이라는 요캉을 만드는 작업이었다. 요시노캉이 무엇인지도 모르던 나에게, 나라현에 요시노(吉野)라는 벚꽃과 단풍으로 유명한 지역이 있는데 그 요시노의 명물이 질 좋은 칡뿌리로 만든 가루인 요시노 혼쿠즈코(吉野本葛粉)라는 것을 알려준 사람도 그녀였다. 다른 가게는 어떻게 만드는지 모르겠지만, 내가 일하던 곳은 파이프같이 큰 원통을 반으로 자른 2미터 정도 되는 반 원통 관을 스무 개 정도 준비해, 그 안쪽에 셀로판테이프를 깔고 요시노 혼쿠즈코를 넣어 만든 요캉인 핑크색 요시노캉과 맛차 네리요캉(抹茶の練り羊羹)을 차례로 부어 굳힌 뒤, 킨교쿠캉과 소금에 절인 벚꽃 꽃잎을 넣어 만들었다. 그 과정이 학교에서 배워왔던 요캉과는 달리 색도 컬러풀하고, 꽃을 넣으니 마치 고운 기모노의 예쁜 문양이라도 보는 듯해 두근거리고 신기해서 어쩔 줄 몰랐던 기억이 지금도 선명하다.

항상 "황 상! 괜찮아?", "황 상! 이거 한번 먹어봐", "옳지~ 황 상! 그렇게 계속 하면 돼!" 하며 어딜 가도 나를 챙겨주던 그녀가 내가 연수를 마칠 즈음 하루아침에 남편을 잃고 말았다. 그럼에도 상을 치르고 불과 5일 뒤에 있던 나의 환송회 겸 회식에도 나와주셔서 너무나 미안하면서도 고마웠던 기억이 있다. 이후 한국에 돌아온 지금도 요캉만 보면 그녀와의 즐거웠던 첫 작업이 생각나고, 씩씩한 여장부 같던 그녀의 발걸음과 나를 부르던 큰 목소리가 떠오르곤 한다.

매일 먹어도 질리지 않는 과자를 꿈꾸며

1년간의 연수를 마치고 한국에 돌아왔다가 다섯 달 만에 다시 오사카와 교토를 찾았을 때, 오픈한 지 얼마 안 된 〈우메조노노사보〉에 들렀다. 사람들의 발길도 뜸하고 가끔 자전거를 타고 지나가시는 할아버지만을 마주치게 되는 한적한 교토의 주택가. 하얀 노렌이 걸려 있을 뿐 이렇다 할 간판이 없어 지나치기 쉬운 〈우메조노노사보〉는 직물로 유명한 교토 니시진(西陣)의 오래된 주택가에 자리하고 있는데, 1927년 창업한 미타라시 당고*로 유명한 간미도코로** 〈우메조노〉에서 2016년 3월에 오픈한 가게이다. 90년이 넘는 역사를 가진 노포 화과자집에서 이런 파격적인 요캉 전문점을 낸 것 자체가 특이하기도 하지만, '카자

---

* 미타라시 당고(みたらし団子): 하얀 경단 몇 알을 꼬치에 끼어 구워 설탕, 간장, 갈분 등으로 만든 소스를 뿌린 화과자.
** 간미도코로(甘味処): 일본풍 디저트를 파는 곳.

리캉(かざり羹)'이라는 신개념 요캉을 내놓아 더욱 주목받았다. '카자리캉'을 한국어로 하면 '데코레이션 양갱' 정도가 되려나.

이 카자리캉은 3대 점주 니시가와 아오이(西川葵) 씨가 매일 먹어도 질리지 않는 과자를 만들어내고 싶어서 1년간의 개발을 통해 만들어낸 일본 어디에서도 볼 수 없는 〈우메조노사보〉의 오리지널 상품이다. 앞서 설명했듯이 우리가 흔히 보는 요캉이 한천과 물, 앙금과 설탕을 많이 넣고 저어서 만들어 굳히는 네리요캉인 데 반해, 이곳의 카자리캉은 한천뿐만 아니라 고사리 전분가루, 연근 전분 등을 넣고 만들어서 연양갱처럼 단단한 식감이 아닌 부드럽고 촉촉하며 쫄깃한 탄력 있는 식감이다. 그리고 흰 앙금이나 팥의 코시앙을 베이스로 해서 과일 퓨레* 등을 넣어 여러 가지 버전의 요캉을 만들어낸다.

이것이 가능한 이유는 일본에는 다양한 종류의 질 좋은 팥이 많기 때문이다. 우리나라에서는 공장에서 만든 다디단 앙금을 사용하거나 직접 만들 경우 일본에서는 사용하지 않는 커다란 흰 강낭콩이나 거피**콩으로 만들지만, 일본은 흰 앙금을 만들 때 시로쇼즈(白小豆)라는 고급 흰팥을 사용하든지 시로인겐마메(白いんげん豆 흰 강낭콩) 중 테보마메(手亡豆)라는 알이 작고 잡내가 나지 않는 콩으로 만든다. 이런 질 좋은 앙금을 베이스로 퓨레나 재료를 섞어 여러 가지 가공 앙금을 만들고, 다양한 시도를 할 수 있게 되는 것이다. 화과자에서 잘 느낄 수 없는 달

---

* 퓨레(Purée): 과일이나 야채를 갈아낸 반 액체 상태의 즙.
** 거피: 콩, 팥, 녹두 등의 껍질을 벗김.

콤 상큼한 맛을 표현하며 팥의 다양한 변신을 시도하는 이곳은 요캉이 케이크라도 되는 양, 계절 과일이나 생크림, 앙금, 넛츠나 허브 꽃잎 등을 장식하는 파격적인 시도도 서슴지 않는다. 하지만 이 또한 화과자에서 중요하게 생각하는 계절감을 계절 과일이나 꽃잎으로 표현한다는 점에서 화과자의 범주 안에 있다고 볼 수 있을 것 같다.

작은 요캉 안에 담긴 섬세한 맛과 계절감

100년 된 오래된 가옥을 리노베이션 해서 만든 공간에 특별한 간판도 없고 돌로 된 바닥에 있는 작고 녹슨 철판에 적은 'うめぞの茶房(우메조노사보)'라는 글씨가 전부이지만, 미닫이문을 열고 들어가면 넓지 않은 실내에 놓인 'ㄴ' 모양의 진열장 안, 멋들어진 접시 위에 예쁘게 치장한 요캉들을 만날 수 있다. 접시는 교토의 도예작가 다카기(高木剛) 씨의 작품. 매번 늘어서는 요캉들은 8~10종류 정도이며, 네모 모양의 요캉은 연중 판매되는 기본 메뉴(레몬, 후람보와즈, 홍차, 맛차, 카카오맛 등)이고, 동그란 모양의 요캉은 계절에 따라 바뀌는 계절 한정 메뉴(쑥, 코가시자토, 벚꽃, 유자, 호지차, 사과, 단호박맛 등)로 매달 바뀌는 식이다. 앙증맞은 크기와 장식은 양과자의 프티 푸르* 못지않게 섬세하고 감각적이다.

---

* 프티 푸르(Petit four): 한입 크기의 케이크.

우메조노사보

개인적으로 가장 맛있었던 것은 '후람보와즈(フランボワーズ 라즈베리)'맛인데, 달콤한 흰 앙금을 베이스로 상큼한 후람보와즈 퓨레를 섞어 후람보와즈맛이 진하게 나고, 요캉 위에 흰 앙금을 짜서 고소한 피스타치오와 향긋한 유자 필링*을 더했다. 입안에 넣으면 부드럽게 녹아내리는 요캉에 씹을수록 고소함이 퍼지는 피스타치오가 리듬감을 주며 싱그런 유자향이 코를 스친다. 깔끔한 우마미가 좋은 센차**와 구수한 호지차***와도 잘 어울리지만, 후레쉬 후르츠와 일본차를 섞은 계절의 차(季節のお茶)와 함께 마시면 더 풍부한 향과 맛을 느낄 수 있어 추천한다.

그리고 차를 넣어 만든 '호지차(ほうじ茶)'맛과 '홍차(紅茶)'맛은 각각 흰 앙금을 베이스로 차의 풍미가 진하게 베어 나오게 만든 요캉을 사용하는데, '호지차'맛은 그 위를 콩가루 앙금과 화이트 초코, 드라이 후람보와즈, 당아욱**** 꽃잎으로 장식하여 비교적 차분하고 얌전한 느낌이며, '홍차'맛은 부드럽게 정제된 흰 앙금과 꽃잎과 포도로 장식하여 귀여운 키티 모양 잔에 진한 얼그레이티를 마시는 느낌이다. 그리고 봄 한정으로 나오는 '쑥(よもぎ)'맛은 흰 앙금 베이스에 봄향기 가득한 쑥을 넣어 만든 요캉 위를 구수한 콩가루 앙금과 달콤 상큼한 오렌지 필*****로

---

* 필링(Peeling): 과일이나 감자 등의 벗긴 껍질.
** 센차(煎茶): 일본의 대중적인 잎녹차로, 찻잎을 따서 바로 증기로 쪄 뜨거운 바람으로 말리면서 손으로 비벼 가늘고 길게 만든 차의 종류.
*** 호지차(ほうじ茶): 녹차의 찻잎을 볶아서 말린 차로 녹차의 쓴맛이나 떫은 맛이 거의 없고 구수한 맛의 차.
**** 당아욱: 관상용으로 키우고 한약재로 쓰는 두해살이풀.
***** 오렌지 필(Orange peel): 오렌지 껍질을 설탕에 조려 만든 것.

장식해 싱그런 봄을 가득 담은 카자리캉이며, 겨울 한정 '유자(柚子)'맛은 흰 앙금 베이스에 유자 과즙을 넣어 만든 요캉과 도묘지코를 넣어 만든 미조레캉을 올리고 유자 껍질로 장식한 것이다. 추운 겨울 따뜻한 유자차와 함께 상큼한 유자 다이후쿠(柚子大福 유자 찹쌀떡)를 먹는 장면을 연상케 하는 카자리캉이다. 이밖에 '맛차(抹茶 맛차 요캉+생크림, 구기자, 깨)'맛과 '카카오(カカオ 초코 요캉+생크림, 금귤, 고춧가루)'맛, '코가시자토(焦がし砂糖 카라멜 요캉+생크림, 말린 사과, 시나몬, 홍차)'맛 등도 인기이다.

가격은 300엔대로 크기에 비해 사악하다고 생각할 수 있지만, 핑거 푸드같이 한입에 쏙 들어가는 크기의 요캉 안에 질 좋은 앙금과 섬세하고 새로운 맛, 계절감까지 담겨 있다고 생각하면 그리 아깝지가 않다. 음료 메뉴는 〈킷사 아시지마(喫茶葦島)〉의 블렌드 커피부터 호지차, 센차, 일본 홍차(和紅茶), 계절의 차, 오시루코(おしるこ 단팥죽)까지 다양하다. 어느 카자리캉과도 잘 어울리지만, '카카오'와 '코가시자토'맛은 반드시 홍차와 먹을 것을 추천한다. 깊고 쓴 풍미의 카카오와 코가시자토 맛이 상승효과를 일으켜 홍차의 구수함이 배가되기 때문이다.

진열대가 있는 1층에서 원하는 요캉을 주문한 뒤 계산을 하고 비교적 가파른 계단을 올라 2층에서 자리를 잡고 먹는 방식이며, 원한다면 포장도 가능하다. 1층이 계단을 포함해 세월이 묻어나는 어두운 원목으로 통일된 데 비해, 2층은 밝은 톤 원목에 천장이 높고 창문도 있어 빛이 잘 들어오는 다락방 같은 느낌이다. 2층은 다섯 명 정도가 앉을 수 있는 카운터석과 여러 명이 둘러앉을 수 있는 커다란 탁자 하나

우메조노노사보

1. 쑥よもぎ 카자리캉과 딸기를 곁들인
   오시루코おしるこ
2. 카카오カカオ 카자리캉과 홍차
3. 벚꽃桜 카자리캉
4. (왼쪽 위부터 시계 방향으로)
   유자柚子, 후람보와즈フランボワーズ,
   홍차紅茶, 호지차ほうじ茶 카자리캉

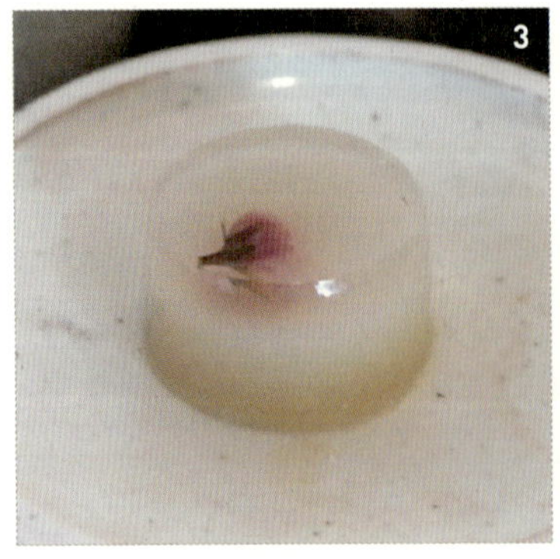

교토에 디저트 먹으러 갑니다

그리고 두 명이 앉을 수 있는 테이블 하나가 전부인 넓지 않은 공간이지만, 혼자서 방문하더라도 책을 읽으며 느긋하게 시간을 보낼 수 있는 차분하고 아늑한 분위기이다. 이런 공간에서 차를 마시며 요캉을 먹고 있노라면, 어디선가 큰 목소리로 "황 상!" 하고 내 이름을 부르며 달려오던 니노미야 씨의 푸근함이 떠오른다. 일도 느리고 서툰 솜씨로 으레 면박만 받던 나를 엄마처럼 감싸주던 니노미야 씨. 1년간의 연수는 바람 잘 날 없이 쓸쓸한 기억들이 많았지만, 그녀를 떠올리면 그 모든 것들이 부드럽고 달콤한 예쁜 카자리캉처럼 한 페이지의 아련한 추억으로 남는 것 같다.

add	京都府京都市北区紫野東藤ノ森町11-1
way to	교토시 버스(京都市バス) 1, 12, 204, 205, 206번을 타고 다이토쿠지마에(大德寺前) 정류장에 내려서 도보 5분. 다이토쿠지마에 정류장에 내리면 빨강과 파랑색으로 적힌 'video in アメリカ'라는 비디오 대여점과 '米' 표시가 있는 쌀집이 있는데, 그 사잇길로 들어가 첫 번째 작은 사거리에서 좌회전하면 오른쪽에 웅장한 모습의 사라사니시진(さらさ西陣)이 보이고, 그 옆에 하얀 노렌이 걸려 있는 우메조노사보가 있다.
tel	075-432-5088
time	11:00∼18:30(Last order 18:00)
closing day	부정기
homepage	http://umezono-kyoto.com/

〈우메조노사보〉옆에 위치한
카페 〈사라사니시진〉

교토에 디저트 먹으러 갑니다

朧八瑞雲堂

오보로야즈이운도

밤중에 수도 없이 도라야키를 구운 이유

2015년 3월, 나는 츠지제과전문학교를 졸업하고 나라의 한 전통 있는 화과자 가게에서 연수를 하게 되었다. 첫 면접 당시, 업무 중에는 따로 시간을 내어 가르쳐줄 수 없으니 일이 끝난 후 내가 배우고 싶은 것이면 무엇이든 알려주겠다는 약속을 받았다. 그러나 꿈에 부풀어 시작한 연수에서 내가 한 일이라곤, 하다 보면 평범한 사람도 기계로 변해버릴 것만 같은 끊임없는 포장 작업과 남자들도 들기 어려운 무거운 동냄비를 들고 내 몸에서 동이 나올 것같이 갈고 닦는 일을 포함한 설거지뿐이었다. 그런 시간이 아까워 일을 하는 중에 다른 작업 과정을 흘깃거리며 보면 설거지가 느리다고 구박 받기 일쑤였다. 그렇게 딱히 얻은 것도 없이 몸만 지쳐 녹아내릴 것 같은 3개월이 지난 어느 날, 점주 스즈키 씨로부터 배우고 싶은 것을 가르쳐주겠다는 반가운 말을 들었다. 그래서 당시 내가 배우고 싶었던 와라비모치나 규히*를 만들어보고 싶다고 했지만, 그는 단호하게 고개를 옆으로 저으며 "그건 너한테 무리"라며 제안해준 것이 '도라야키'였다.

---

* 규히(求肥): 찹쌀가루에 설탕을 넣어 오랜 시간 저어 만든 떡의 일종으로 부드러운 식감을 가지고 있음.

드디어 찾아온 첫 기회인데 고작 도라야키라는 말에 김이 샜다. 하지만 그건 크나큰 착각과 고난의 시작이었다. 처음 계란과 설탕, 꿀 등을 섞어 대량으로 만들어놓은 반죽에 밀가루를 섞는 과정부터 도무지 생각처럼 되지 않는 것이었다. 그들이 하는 것처럼 아무리 흉내를 내며 연습해도 실패의 연속이었다. 겨우겨우 반죽을 만들어 굽는 과정으로 넘어갔지만, 아무리 배워도 사지키리*는커녕 동일한 크기로 불판에 올리는 것조차 쉽지 않았고, 도라야키 전용 불판인 히라나베(平鍋)는 불조절이 힘들어 아주 미세한 차이에도 전혀 다른 얼굴의 결과물이 나왔다. 결과적으로 매일 느는 거라곤 철판에 덴 자국과 뜨거운 불판 앞의 열기로 인해 생긴 땀띠, 그리고 쓰레기통에 던져진 생지들뿐. 오기가 생긴 나는 새벽부터 저녁까지 일해 지친 몸을 이끌고 집에서 밤중에 도라야키를 수도 없이 구웠다. 그렇게 숨만 쉬어도 입에서 도라야키 반죽이 나올 것만 같은 날들이 두 달쯤 지났을까. 금손과는 거리가 먼 나에게도 희망을 잃지 말라고 신이 큰 자비라도 베풀 셈이었는지, 스즈키 씨에게서 이쯤이면 90점 정도는 주겠다는 말을 들었다. 정말이지 그 자리에서 왈칵 눈물이라도 쏟을 것 같았다.

이 일을 계기로 화과자집의 도라야키에 관심을 가지게 되었고, 유명하다는 곳이 있으면 일을 쉬는 날 새벽같이 일어나 어디든 먹으러 다니곤 했다. 그러던 중 발견한 주옥같은 가게가 바로 이곳 〈오보로야즈이운도〉이다.

---

* 사지키리(さじきり): 도라야키 반죽을 전용국자(どらさじ)로 떠서 끊어 올리는 방법.

뜻밖의 반전이 있는 스토리

이곳은 2009년에 오픈한(일본에서는 갓 오픈한 가게와 다름없는 신생) 화과자집으로 원래는 대표 상품이 가게 이름과 같은 '오보로(朧)'란 이름의 와라비모치였지만, 압도적인 크림의 볼륨감을 자랑하는 '나마도라야키(生どら焼き)'의 인기로 인해 알려지게 되었다. 겉보기에는 커다란 파란색 노렌을 치고 어느 시골에나 하나쯤 있을 법한 화과자집 같은 분위기이지만, 일본의 여러 방송에 소개된 뒤로 오픈 1시간 전부터 긴 행렬이 만들어지고, 그렇게 아침부터 줄을 서도 만들어지는 수량에 한계가 있어 인기 절정인 나마도라야키 양에 한해서는 1인당 한 개밖에 구입할 수 없는 개수 제한까지 생겼다(손님 수에 따라 제한 개수가 바뀌기

나마도라야키 딸기맛イチゴ生どら焼き
(기간 한정!)

딸기잼과 딸기 퓨레를 넣은 산미 있는 생크림 무스와 달콤한 팥 앙금(츠부앙)이 서로를 돋보이게 하는 궁합을 자랑한다.

나마도라야키 검은깨맛黒ごま生どら焼き

검은깨 페이스트를 넣은 생크림 무스가 달콤하고 고소해서 팥 앙금(츠부앙)과 무난하게 어울린다. 한적한 날 오후 따뜻한 호지차와 함께 먹고 싶은 맛.

나마도라야키 맛차맛
抹茶生どら焼き

맛차의 쌉싸름한 맛이 나는 생크림 무스와 팥 앙금(츠부앙)이 서로 잘 어울린다.

오보로야즈이운도

도 한다). 마치 한창 인기 절정인 아이돌 같은 느낌이랄까.

평범한 외관의 동네 화과자집이었던 이곳을 일본 방방곡곡에서 손님들이 몰려오는 이토록 핫한 가게로 만들어준 일등 공신인 나마도라야키 양은 폭신하게 잘 구워진 도라야키 생지 사이에 츠부앙을 넉넉히 바르고, 그 위에 삶은 팥을 넣은 생크림 무스를 무려 6센티미터를 얹어 만들어진다. 엄청난 볼륨을 자랑하는 데 비해 가격도 340엔으로 합리적인 것이 매력. 무엇보다 부담스러우리만큼 많아 보이는 생크림 무스이지만, 실제로 맛보면 가벼운 질감에 느끼함이 전혀 없고 부담스럽게 달지 않아 먹기 시작하면 금세 사라져버린다. 참고로 맛의 종류로는 기본적으로 팥, 맛차, 검은깨가 있으며, 기간 한정으로 딸기, 고구마, 단호박, 벚꽃맛이 나오는데, 첫 방문이라면 우리에게 친근한 맛이면서도 인기 스타인 '맛차' 양과 '검은깨' 양을 추천하고 싶다.

이렇게 주목받고 있는 것은 나마도라야키 양이 틀림없지만, 개인적으로 거기에 절대 뒤지지 않는 숨은 실력의 멤버라고 생각하는 것이 바로 '밤과 떡의 미카사*(栗と餠の三笠)' 양이다. 이것은 나마도라야키의 생지보다 더 폭신폭신 부드럽게 부풀린 생지 안에 두툼하고 커다란 규히와 밤 설탕절임(栗の甘露煮)을 넣고, 그 위아래로 약간 달콤한 츠부앙을 샌드한 도라야키이다. 처음에는 나마도라야키 양이 매진되었던 날 아쉬운 대로 사서 먹어본 아이였는데, 원래 개인적으로 규히를 좋아하기도 하고 이곳의 규히는 크고 두꺼운 데 비해 부드러우면서도 쫄깃한

---

* 미카사(三笠): 간사이(関西)에서 도라야키를 부르는 말.

1. 밤과 떡의 미카사栗と餅の三笠
2. 오보로朧: (왼쪽부터) 콩가루きな粉, 와산봉和三盆과 흑설탕黒糖, 맛차抹茶맛

오보로야즈이운도

맛이 있어, 그 후로는 이곳에 방문하면 이 아이도 항상 구입하게 된다.

앞서 말했던 것처럼 원래는 이곳의 주인공이었을 와라비모치의 이름이 '오보로(朧)'인데, 거기에 '경사스러운 일이 일어날 징조인 구름'이라는 뜻의 '즈이운(瑞雲)'을 합쳐서 만든 그룹, 아니 가게 이름이 바로 〈오보로야즈이운도〉이다. 가게 이름에 등장할 정도로 간판으로 활약할 예정이었던 오보로 군은 나마도라야키 양의 인기에 맥도 못 추는 가여운 상황이다. 하지만 다르게 생각해서 뜻밖의 경사스러운 일을 가져온 장본인인 나마도라야키가 실질적인 주인공이었다는 반전 있는 스토리라면 가게 이름의 취지와 꼭 맞아떨어진 것이 아닐까 싶다.

어쨌거나 원래는 자신이 이 가게의 주인공일 줄 알았던 와라비모치 오보로 군은 와라비 생지 안에 고운 팥 앙금인 코시앙이 들어 있는 것이 특징이다. 와라비모치 생지는 부드럽고 연한 느낌으로, 팥의 풍미가 은은하게 풍기는 팥 앙금과 함께 입에 넣으면 수채화 물감을 풀어놓은 듯 부드럽게 녹아 퍼진다. 나라면 주인공 자리를 빼앗겨 잔뜩 심통이 났을 텐데, 그는 여전히 부드럽고 상냥하다. 이런 오보로 군은 와라비모치 겉에 입힌 가루에 따라 '맛차(抹茶)', '와산봉(和三盆)과 흑설탕(黑糖)', '콩가루(きな粉)' 세 종류가 있다.

그 외에도 가게 안에 들어서면 다다미방이 있고, 방 주변에 '요모기모치*'나 '미타라시 당고' 같은 계절 화과자와 '히가시**'등이 진열되어

---

* 요모기모치(よもぎ餅): 맵쌀가루에 쑥을 넣어 쪄서 만든 떡으로 보통 안에 츠부앙이 들어 있다.
** 히가시(干菓子): 수분이 적은 건조한 화과자.

있다. 하지만 아직 그들에게 '경사스러운 일이 일어날 징조'는 보이지

않으므로 자세한 설명은 생략하도록 한다.

오보로야즈이운도

아농

일본 전통 기술과 현대적 감성이 융합된 앙포네

3주기에도 검은색 정장을, 이토록 다른 문화

외국에 살다 보면 문화 차이를 겪기 마련인 것 같다. 일본은 우리나라와 위치상 가까워 서로 잘 알고 있다고 생각할지 모르지만, 따지고 보면 미묘하게 많은 차이가 있다.

남편과 연애 시절, 하루는 남편이 아버지 3주기가 있다고 고향인 시가현에 함께 가지 않겠느냐고 제안해왔다. 이전부터 명절에 여자친구 신분으로 남편의 고향집에 놀러 가서 잠도 자고 밥도 얻어먹고 온 적이 몇 번 있고 해서 별 생각 없이 남편을 따라 나섰다. 빈손으로 가기가 뭐해서 당시 일하던 곳 근처에서 인기였던 아게만주(揚げ饅頭 튀김 만주)를 전날 미리 한 상자 사서 말이다. 그런데 도착해서 한창 제사 준비가 이뤄지고 있는 그곳에 발을 들여놓자마자 '아차' 싶었다. 나와 남편 말고는 모두 검은색 정장, 검은색 원피스를 입고 있는 것이 아닌가. 그리고 불단에 쌓여 있는 공물에는 하나같이 하얀 종이 띠가 둘러져 있었다.

한창 준비 중이시던 어머니는 나보다 놀라며 얼른 남편의 누나에게 옷을 빌려주라고 하셨다. 나는 얼떨떨하게 누나 방으로 가서 머리부터 발끝까지 검은색 옷으로 갈아입었다. 나중에 알고 보니 일본은 장례식이 아닌 3주기에도 우리나라의 장례식처럼 검은색 정장 차림을 하는 것이다. 게다가 단지 검은색 옷이면 뭐든 괜찮은 것이 아니라 이런 날에 입는 예복이 따로 있어서 모두들 약속한 듯 그것을 입는다. 또한 불단에 놓는 공물들에는 저마다 목적과 자신의 이름이 적힌 종이인 '노시(熨斗)'를 붙이는 것이 당연한 일이었다. 예를 들면, 출산을 축하하는 물건에는 세로로 '축 출산 김 아무개'라는 식이다.

그런데 웃긴 건 남편도 딱히 검은색도 정장도 아닌 평소 옷차림으로 고향을 찾았는데, 주위를 둘러보더니 "아, 깜박했네!"라며 자신은 집에 옷이 있다고 말하는 게 아닌가. 정말 마음 같아서는 멱살을 잡고 "왜 가르쳐주지 않았냐. 너만 갈아입으면 다냐?"라고 따지고 싶었다. 나중에 시어머니께 한국은 장례식 당일만 검은 정장을 입는 문화라 알지 못했다고 하니, 시어머니도 가족들도 이해해주며 지금은 그냥 해프닝처럼 넘어간다. 심지어 어떤 행사에 내가 노시를 제대로 붙인 선물을 가져오면 이제 이런 것도 할 줄 아냐며 칭찬까지 받는 처지이다(그것마저도 가게 점원들에게 눈치껏 배워온 것이지만).

이렇게 일본에서 결혼을 하고 지내다 보니 한국과 차이 나는 점이 이뿐만 아니었다. 하루는 연말에 아들과 함께 백화점 쇼핑을 갔는데, 이벤트 층이 웬 선물세트 전시장처럼 꾸며져 있고 사람들이 마치 선물세트 보내기 전쟁이라도 하는 듯 치열하게 무언가를 사고 보내고 있었다. 알고 보니 그것은 '오세보(お歳暮)'라는 것으로, 평소에 신세를 지고 있는 주위 사람들에게 감사의 마음과 건강을 염원하는 마음을 표현하는 일본의 풍습이었다. (같은 의미로 '오츄겐(お中元)'이라는, 한 해의 중간인 7, 8월에 보내는 것도 있다.) 그때부터 소위 '오세보 시즌'이라 불리는 그 기간에는 나도 시댁에 무언가를 보내기 위해 백화점 오세보 카탈로그

를 체크하고는 했다. 그러던 어느 날 TV에 오세보 선물 랭킹 같은 것이 나오길래 주의 깊게 보다 보니 '앙포네'라는 과자가 나왔다. 달콤한 앙금을 얇은 과자에 샌드해서 먹는 화과자 모나카에 마스카르포네* 등의 치즈를 더해 먹는 과자였는데, 설명을 보고 듣기만 해도 맛있을 거란 확신이 들어서 즉시 오세보 후보 리스트에 올렸다. 딱히 백화점 카탈로그에서는 그 상품을 본 적이 없어, 교토에 있다는 그 가게에 직접 가보기로 마음먹고 주말에 남편에게 아이를 맡기고 교토행 열차를 탔다.

아무도 걷지 않은 새하얀 눈길을 걷는 느낌

간만에 아들 없이 혼자서 게이한열차(京阪電車)를 타고 교토로 가는 길. 열차 밖의 을씨년스러운 풍경을 보며 혼자 앉아 있으니 시원할 줄 알았는데 허전함이 더 크게 다가왔다. 유모차 없이 교토에 간다고 집을 나서는 발걸음이 그렇게 가벼웠었는데, 이젠 나도 어쩔 수 없는 엄마인가 보다. 그래도 열차에 이렇게 한가로이 앉아 있어본 게 언제인지, 또 언제 찾아올지 모르는 이 자유를 누려보고자 창틀에 턱을 괴고 하염없이 밖을 바라보다 보니 밀려오는 졸음. 그 순간 "기온시조(祇園四条), 기온시조역입니다"라는 안내 멘트에 화들짝 놀라 서둘러 짐을 챙겨 열차에서 내렸다. 역 출구로 나오니 차가운 공기에 정신이 번쩍 들었다. 상

---

* 마스카르포네(Mascarpone): 이탈리아산 크림 치즈로서 티라미수를 만들 때 사용된다.

아농

점가의 중국인 관광객들 틈을 헤치고 발길을 재촉해 한적한 거리로 들어서니, 구글맵상으로는 멀지 않은 것 같은데 오래된 가옥들이 다 비슷하게 보여 찾기가 쉽지 않았다. 이 거리와는 어울리지 않는 빨간색 간판의 타코야키(たこ焼き) 가게를 지나 저 멀리 'あのん(아농)'이라고 쓰인 희고 작은 간판이 보였다.

창으로 빛이 가득 들어와 하얀 벽과 하얀 타일이 눈부실 만큼 밝은 내부로 들어서면, 왼쪽에는 테이크아웃 가능한 상품들이 깔끔하게 진열되어 있고, 오른쪽에는 기다릴 수 있는 작은 좌석이 있다. 특히 왼편의 일본지로 만든 벽이 은은한 빛을 뿜어내며 분위기를 한층 고급스럽게 끌어올려 준다. 좀 더 안으로 들어가면 오른쪽에 카운터와 오픈된 키친, 카운터석이 있고, 왼쪽에 2층으로 올라가는 나무 계단과 테이블석이 배치되어 있다. 그리고 가게 안쪽에는 녹색 가득한 안뜰이 있

어, 실내에 있으면서도 자연적인 분위기를 느낄 수 있어 좋다. 이내 점원이 나와 키친이 바로 보이는 카운터석으로 안내해주었다. 키친의 오른편에는 앙금을 만드는 커다란 기계가 있고, 메뉴판을 뒤적이니 TV에서 보았던 앙포네를 시작으로 버터 크림 대신 앙금이 든 앙마카롱, 흰 앙금을 이용한 몽블랑, 따뜻한 젠자이* 등 앙금을 이용한 여러 가지 메뉴들이 가득했다. 참신한 앙금 콜라보 메뉴들의 유혹을 이기고, 우선 그 인기라는 '앙포네(あんぽーね)'부터 맛보기로 했다.

주문을 하고 얼마 지나지 않아 검은색의 세련된 접시에 네 장의 모나카와 츠부앙, 그리고 화제의 마스카르포네 크림이 나왔다. 검은 접시의 빈 공간에는 꽃 모양으로 뿌린 슈거 파우더가 다소곳하게 자리하고 있었다. 조심스럽게 모나카 껍질을 하나씩 들어 한쪽에는 팥 앙금을, 다른 한쪽에는 마스카르포네 크림을 듬뿍 채우고 샌드해서 한입 물었다. '바삭' 하는 소리와 함께 고소한 모나카 껍질과 적당히 달콤한 팥 앙금, 치즈 크림이 어우러져 입안 가득 부드러운 하모니를 만들어냈다. 앙금이 일반적인 모나카에 비해 달지 않고 약간 간이 되어 있어서 치즈 크림이 느끼하게 겉도는 것을 잡아주며 완벽한 조화를 이루었다. 유난히 식감 좋고 구수한 모나카 껍질 안에 채워진 앙금과 크림을 먹고 있노라니 아무도 밟지 않은 기온의 눈 내린 새하얀 돌길을 뽀드득 소리를 내며 걷는 듯한 느낌이 들었다. 일본 전통 화과자인 모나카에 서양적인 요소를 넣어 어떻게 이렇게 만들어냈는지 기가 막힐 정도였다.

---

* 젠자이(善哉): 일본식 팥죽.

“이거 정말 맛있네요.”

“감사합니다.”

키친에서 재료 정리를 하던 점원이 웃으며 말했다.

“앙금과 치즈 크림이 너무 잘 어울려요. 사실 엄청 농후한 치즈 크림을 상상하고 왔는데 그렇지는 않지만 부드러운 치즈 크림이 앙금과 절묘한 조화를 이루는 것 같아요.”

“감사합니다. 치즈 크림이 너무 진해서 부담스럽지 않도록 적정한 농도를 찾아 개발한 상품이에요.”

과연 수십 년간 앙금을 만들어온 기술을 가진 앙금 회사이자 오하기 전문점인 사자에식품(サザエ食品)에서 현대적인 감각으로 내놓은 일본 풍 양과자답다. 팥 앙금은 고급 팥인 홋카이도 도카치산을 사용해 만들었고, 마스카르포네와 크림 치즈를 블렌드해서 만든 치즈 크림은 오사카의 유명 파티시에(Pâtissier 과자 제조·판매인)인 니시조노 세이치로(西園誠一郎)씨의 힘을 빌려 앙금과의 조화는 물론 상온에서 30일 동안 보관이 가능하도록 만들어낸 것이다. 그리고 유난히 바삭하고 고소한 맛이 좋던 모나카 껍질은 시가현의 찹쌀인 하부타에모치로 만든 것으로, 한 번 구운 모나카 생지를 부수고 섞어 두 번 구워내어 구수함을 최대한으로 살린 것이라고 한다.

그리고 츠부앙 버전의 인기에 힘입어, 연중 판매하는 ‘맛차 앙금(抹茶あん)’ 버전과 계절 한정으로 나오는 흰 앙금에 상큼한 레몬과 달콤한 꿀을 섞어 만든 ‘벌꿀 레몬 앙금(蜂蜜れもんあん)’ 버전 등 다양한 앙포네 시리즈를 선보이고 있다고 한다. 사실 모나카는 내 입에는 너무 달아

앙포네 あんぽーね

위의 사진은 밤이 든 키나코 앙금과 치즈 크림,
츠부앙과 치즈 크림, 모나카 네 장으로 구성된
앙포네로, 아래 사진과 같이 모나카에 앙금과
치즈 크림을 듬뿍 채워서 먹으면 된다.

아농

좀처럼 먹지 않았었는데, 오랜만에 먹은 이 '앙포네'는 정말 감탄할 정도로 맛이 있었다. 오랜만에 주말에 혼자 나와 여유 있게 디저트를 즐기자니 묘한 해방감이 들어 더 맛있게 느껴졌는지 모르겠지만, 다시 떠올려도 집안일에 활력을 줄 만큼 맛있었다.

앙금과 오하기의 강렬한 유혹

마침 점원이 지나가길래 앙포네 20개와 팥 앙금과 맛차 앙금이 각한 병, 그리고 치즈 크림 두 병이 든 선물세트를 오세보용으로 주문 결제했다. 점원이 노시에 이름을 적고 포장을 해주는 동안 쇼케이스 안에 진열된 아이들을 구경하기로 했다. 흰 앙금을 몽블랑의 밤 크림처럼 말아 올린 이름도 재미있는 '앙데스(あんです 앙금입니다)', 크림과 앙금을 넣고 맛차 초콜릿을 바른 귀염둥이 에클레어 '앙에클레어(あんえくれあ)', 주문 즉시 토치로 윗면을 구워주는 앙금과 커스터드 크림이 들어있는 '앙타르트(あんたると)' 등 하나같이 업어가고 싶은 아이들이지만 오늘은 참기로 한다.

그리고 쇼케이스 밖에는 버터 크림 대신 앙금이 든 '앙마카롱(あんまかろん)'과 동그랗고 귀여운 다섯 가지 색의 '쿄오하기(京おはぎ)'가 있었다. 쇼케이스 안의 아이들에게는 넘어가지 않았던 나인데, 오하기는 그냥 지나칠 수가 없어 돌아가는 열차에서 먹을 요량으로 가볍게 몇 개만 골라보기로 했다. 팥 찰밥으로 만든 '세키항(赤飯)'이나 츠부앙으로

1. (왼쪽 아래부터 시계 반대 방향으로) 앙타르트あんたると와 앙바통あんばとん, 맛차
2. (왼쪽부터) 앙에클레어あんえくれあ와 앙데스あんです

서양과 일본의 만남. 부드러우면서 쫄깃한 마카롱과 매끄러운 식감의 달콤한 각종 앙금이 만났다.
사진 속 앙마카롱은 왼쪽 위부터 시계 방향으로 레몬(レモン), 맛차(抹茶), 소금캐러멜(塩キャラメル),
고운 앙금(こしあん), 사과(りんご)맛이다.

(왼쪽부터) 시로앙しろあん, 맛차まっちゃ, 세키항赤飯 오하기이다.

교토에 디저트 먹으러 갑니다

만든 '쿠로앙(くろあん)' 오하기는 어디서든 먹을 수 있으니 패스하고, 귀하다는 홋카이도산 흰팥으로 만든 '시로앙(しろあん)' 오하기는 술이 들어 있다 하여 다음을 기약하고, 나머지 '키나코(きな粉 볶은 콩가루)'와 '맛차' 오하기를 구입했다.

앙금과 치즈 크림을 담은 병이 네 개나 들어 있어 꽤나 무거운 종이백을 들고 가게를 나와 서둘러 시조역으로 걸어갔다. 기왕 나온 거 근처에서 밥 한 끼 먹고 쇼핑도 하고 싶었지만, 돌도 안 된 아들과 남편이 집에서 기다리고 있으니 그런 건 내게 사치였다. 다시 열차를 타고 돌아오는 길, 몇 정거장 지나 겨우 자리에 앉은 나는 아까 구입한 오하기

를 주섬주섬 꺼내 맛보기 시작했다. 단바 검은콩*으로 만든 콩가루가 복스럽게 뿌려져 있는 키나코와 우지 맛차 가루가 시크하게 뿌려져 있는 맛차맛 오하기. 달콤한 츠부앙과 쫄깃하고 매끄러운 찹쌀이 구수한 키나코, 쌉쌀한 맛차와 조화를 이뤄 너무 달지 않고 고소하고 향도 좋아 우리 입맛에 딱 맞는 오하기였다.

감탄을 넘어 존경의 대상!

1시간 좀 더 걸려 오사카 시내에 있는 집에 도착할 무렵, 아이를 무려 세 명이나 태우고 가는 씩씩한 아주머니를 보았다. 말로만 들으면 어떻게 아이 세 명을 자전거에 태우고 어른이 운전을 하나 싶을 텐데, 일본은 자전거가 생활 이동수단으로 자리 잡고 있어 소위 '마마챠링(ママチャリン)'으로 불리는 자전거들은 앞뒤에 아이가 앉을 수 있는 의자가 구비되어 있거나, 그렇지 않더라도 후에 장착 가능하게끔 되어 있다. 나 역시 첫째를 낳고 전동자전거 하나를 마련했는데, 지금은 세 살을 향해 가는 큰아들을 뒷좌석에 태우고 약 9킬로그램 정도 되는 둘째를 앞좌석에 태워서 슈퍼, 빵집, 병원 등 필요한 곳에 다닌다.

타본 사람들은 알겠지만 아이가 셋쯤 되면 적어도 몸무게 20~30킬

---

* 단바 검은콩(丹波黒豆): 효고현의 단바 지역에서 재배하는 검은콩으로, 단바는 비옥한 점토 토양질을 가지고 있어 콩이 크게 열리고 온도차가 큰 분지여서 콩 껍질이 부드러우면서도 강하다. 쪄도 모양이 부서지지 않아 최고의 검은콩으로 여겨진다.

로그램은 더 싣고 달리는 셈이고, 거기에 슈퍼에서 장을 본 것까지 더하면 아무리 전동자전거라도 페달 밟기나 중심 잡기가 쉽지 않다. 나 같은 비루한 체력의 소유자는 아이를 손잡이가 있는 앞에 태우고 짐바구니에 짐을 넣으면 핸들을 내 마음대로 조절하기도 힘들어 위험한 상황도 여러 번 겪었다. 이런 상황인데도 일본의 씩씩하고 용감한 엄마들은 그 작은 체구로 애 셋을 자전거에 싣고 달리는 것이다. 남 일처럼 느껴질 때는 그냥 감탄만 하고 그치는 정도였는데, 애 둘을 데리고 생활하다 보니 그런 아주머니는 거의 존경의 대상이다. 어쩌면 수십 년을 연구해 온 앙금에 1년의 시행착오를 겪어 앙포네를 완성한 누군가보다 더 존경스러울지도 모르겠다. 역시 나에게 애 셋은 무리이다. 글을 마치려고 보니 '서양풍 화과자인 앙포네가 맛있었다'는 이야기를 하려고 했는데, 어쩐지 '일본에 사는 한국인 주부의 생활기'로 변한 것 같아 미안하다.

ABOUT STORE

add	京都府京都市東山区清本町368-2
way to	게이한열차(京阪電車) 게이한본선(京阪本線) 기온시조역(祇園四条駅) 7번 출구에서 도보 3분. 기온시조역 7번 출구로 나와 야사카 신사(八坂神社) 방향으로 180미터 직진해서 Pocchiri 라는 지갑 가게가 보이면 거길 끼고 좌회전해서 100미터 가량 가면 오른쪽에 보인다.
tel	075-551-8205
time	평일 12:00~20:00
	토요일 10:00~20:00
	일요일, 공휴일 10:00~18:00
closing day	부정기
homepage	http://www.a-n.kyoto.jp/

아농

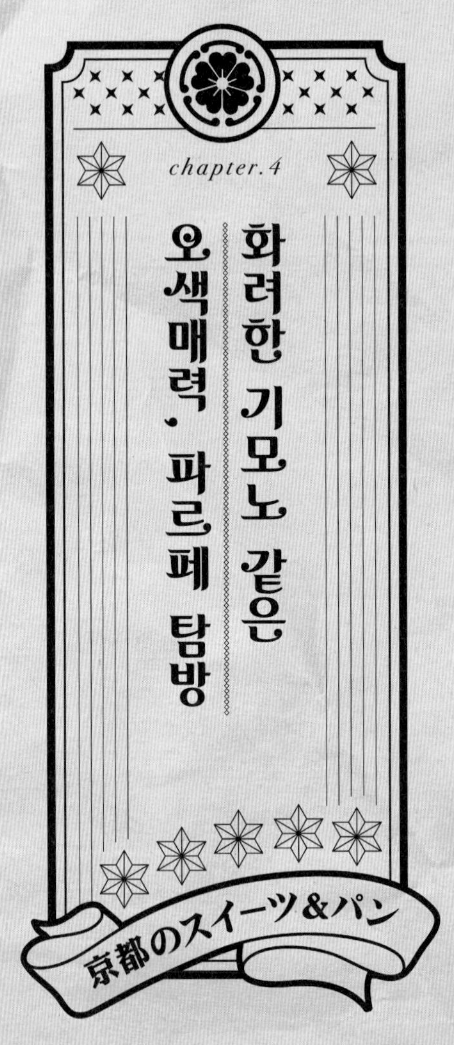
chapter.4
화려한 기모노 같은
오색매력, 파르페 탐방
京都のスイーツ&パン

일드 「하나 씨의 간단 요리」는 내가 재미있게 보던 드라마 중 하나였다. 게으른 주부가 매일의 식사를 간단한 요리로 해결하는 이야기인데, 매회 소개되는 레시피 그대로 요리를 해서 먹어보고 점수를 매기는 것이 내 취미였다.

나는 음식을 먹고 만드는 것이 좋아 일본으로 요리 유학까지 가긴 했지만, 한편으로는 흐리터분한 성격 덕에 집에서는 더없는 귀차니스트이기도 하다. 여배우 쿠라시나 카나가 연기하는 주인공 하나 씨는 마치 내 생활을 비추는 거울 같았다. 청소 같은 집안일은 대충 하는 게으름뱅이지만, 배고픈 것은 못 참고 맛있는 것은 먹고 싶어 하는 성격. 극 중에서 그녀가 감기에 걸렸음에도 불구하고 크리스마스 한정 파르페를 먹으러 가는 모습이 나왔을 때 정말 손뼉을 치며 보았다.

그도 그럴 게 파르페는 너무나 매력적인 것이다. 달콤하고 컬러풀한 과일과 아이스크림이 올라가 있고, 바삭한 쿠키나 부드러운 스펀지 케이크, 때로는 말랑말랑한 와라비모치나 쫄깃한 떡, 과일즙이나 일본차로 맛을 낸 한천이나 젤리 등이 들어 있기도 해 다양한 식감과 맛을 가득 담은 종합선물세트 같다. 재료들 하나하나 저마다의 개성을 자랑하는가 하면 주위의 것들과 자연스럽게 어우러져 새로운 맛을 낸다. 투명한 유리잔에 층층이 담겨 있는 모습은 또 얼마나 예쁜지. 한 층 한 층 먹어 내려가다 좋아하는 것이 들어 있으면 땅속에서 보물을 찾은 듯한 기분도 든다.

앞으로 소개하는 가게들을 찾아갔을 때 아무리 맛있어 보이는 파르페가 나오더라도 이성을 잃지 말고 먹기 전에 꼭 사진을 찍어두자. SNS에 맛있는 여행의 감동을 전할 때 이만한 비주얼이 또 없다. '인스타바에*(インスタ映え)'라는 건 이럴 때 쓰는 말이다.

---

* 2017년 일본 유캔 신어 유행어 대상을 수상한 신조어로, SNS 인스타그램에 올리면 주목받을 만한, 흔히 말하는 사진발을 의미한다.

화려한 기모노 같은 오색매력, 파르페 탐방

祇園きなな

기온키나나

옛 교토의 정취를 느끼며 맛보는 즉석 아이스크림

건강한 슬로우 푸드가 모토인 가게

"요즘 과제 많아?"

"응. 엄청 많아. 일주일에 한 작품씩 만들어야 하는데…."

옆자리에 커플이라기보다 소위 썸 타는 남녀가 앉아 있었다. 아마 여자 쪽은 옷차림이나 대화 내용으로 봐서 미대생인 듯하고 남자는 일반 대학생인 것 같았다. 남자는 키나나 하퐁(きななハポン) 파르페를, 여자는 베리 베리 키나나(ベリーベリーきなな) 파르페를 먹고 있었다.

그러고 보니, 3년 전쯤에 나도 남편과 연애하던 시절 이곳에서 파르페를 먹은 적이 있다. 둘이서 기요미즈데라*에 놀러갔던 날, 일본인인 남편은 수학여행 이후 처음이라며 왠지 소풍가는 기분이라고 좋아했었고, 무늬만 오사카 유학생이었던 나는 관광다운 관광을 해본 적이 없어 교토에 놀러간다는 생각에 굉장히 들떠 있었다. 그날 우리는 사람 많은 하나미코지(花見小路)의 비교적 한적한 뒷골목에서 이곳을 찾았다. 남편은 키나나 파르페를 먹으면서 1년 전 돌아가신 아버지가 단 것, 특히 파르페를 좋아하셨다는 이야기를 했던 것 같다. 그때 우리 이야기를 들은 옆 손님이 지금의 나와 같은 기분이었을까 생각하니, 과거의 우리가

---

* 기요미즈데라(清水寺): 앞에 깎아지른 절벽이 있어 전망이 좋은 교토의 유명한 절.

기온키나나

꽤 귀엽게 느껴졌다.

〈기온키나나〉는 가게 이름의 키나나와 비슷한 볶은 콩가루 '키나코(きな粉)'를 테마로 한 아이스 전문점으로, '쿄키나나(京きなな)'라는 단바 검은콩으로 만든 크리미한 키나코 아이스크림이 대표 상품이다. 여기에 화학 착색료나 보존료를 사용하지 않고 지방분을 최대한 적게 사용하는 등 건강한 슬로우 푸드를 모토로 하고 있다.

하얀 노렌을 걷고 들어가면 차와 키나코의 구수한 냄새가 풍겨오는데, 가을이나 겨울에는 이 냄새가 유난히 마음을 따뜻하게 녹여주는 듯하다. 내부는 협소하지만 따스한 볕이 잘 들어온다. 이렇게 따스한 공간에서 맛보는 아이스크림은 겨울에 따뜻한 온돌방에서 이불 뒤집어쓰고 먹는 아이스크림과는 또 다른 특별한 매력이 있다.

각기 다른 매력의 파르페, 그리고 연애

이곳에서 열이면 아홉이 주문할 정도로 인기 있는 파르페는 기본적으로 세 종류가 있다. 그중 '키나나 하퐁(きななハポン)'은 일본(스페인어로 '하퐁')을 가장 잘 느낄 수 있는 파르페이다. 플레인, 검은깨, 쑥맛의 세 종류 아이스크림과 야츠하시*, 츠부앙, 하얀 경단, 러스크**, 와라

---

* 야츠하시(ハツ橋): 교토를 대표하는 화과자로 계피맛 나는 전병의 일종.
** 러스크(Rusk): 얇은 빵이나 카스텔라 조각에 설탕이나 버터를 발라 구운 것.

1. 키나나 하퐁 きなな ハポン
2. 베리 베리 키나나 ベリーベリーきなな
3. 가을의 키나나 파르페 秋のきなな パフェ

데키타테 키나나 できたてきなな

바로 만들어 나오는 아이스크림으로 입안에 넣으면 부드
럽게 녹아내리며 구수한 콩가루의 풍미만을 남긴다. 달지
않고 소박한 맛으로 강취!

비모치, 밤 시부카와니*로 구성되어 식감의 변화가 재미있다. 상큼한 맛으로 여성들에게 인기인 '베리 베리 키나나(ベリーベリーきなな)'는 플레인, 검은깨, 맛차 세 종류의 아이스크림과 요구르트, 라즈베리, 블루베리, 야츠하시로 구성되어 있다. 그리고 젤라또의 발상지 이탈리아를 이미지화해 만든 서양풍 파르페인 '키나나 이탈리안(きななイタリアン)'이 있다. 또한 계절 한정으로 매해 구성이 바뀌는 파르페가 있는데, 예를 들어 2016년 가을에 나온 '가을의 키나나 파르페('秋のきななパフェ)'는 밤, 요구르트 아이스크림, 카시스(カシス 블랙커런트) 샤베트, 밤 크림, 파이, 밤맛 초코 푸딩, 초코 쿠키 가루로 구성되어 진한 가을의 분위기를 한껏 풍기며 상큼하게 먹을 수 있는 파르페였다. 몽블랑보다 훨씬 가볍고 산뜻하면서 적당히 진한 초코 푸딩이 마지막을 달콤하고 부드럽게 마무리해준다. 마치 지금 내 옆의 썸 타는 남녀 둘의 대화같이.

생각해보면 연애란 파르페 같다. 층층이 쌓인 내용물들이 때로는 부드럽고 달콤하게 어우러지기도 하고, 바삭하게 씹히는 재미도 있으며, 먹다 보면 뜻밖의 것이 나와 신선하게 느껴지기도 하고, 위의 아이스크림이 녹아내려와 밑의 푸딩이나 젤리에 더해져 새로운 조합을 만들어내기도 한다.

다른 이야기지만 보통 신사에 가면 '오마모리(お守り)'라는 것을 판매하는데, 일본 사람들은 건강, 연애, 결혼, 합격, 취직, 순산 같은 희망사항이 담긴 부적을 사서 집에 장식하거나 가방, 지갑 등에 넣거나 달고

---

* 밤 시부카와니(しぶかわに): 속껍질이 붙은 밤을 조린 것.

기온키나나

교토에 디저트 먹으러 갑니다

다닌다. 남편과 내가 기요미즈데라에 갔던 날, 이 오마모리를 하나씩 샀었다. 그런데 보통 연인들이 사는 '연애'나 '결혼' 같은 것이 아니라, 둘 다 한 치의 망설임도 없이 '출세'라고 적힌 오마모리를 골랐다. 지금 생각하면 '얼마나 출세하고 싶었으면'이라는 생각에 피식 웃음도 난다. 얼마 전 시어머니께 이 이야기를 했더니 드시던 차를 뿜을 정도로 빵 터지셨다. 그래도 그 오마모리의 효과 덕분인지 남편은 결혼하고 올해 모 유명 일본요리집의 점장이 되었고, 나는 막연하게 한국을 떠나 해외에 살고 싶다는 꿈을 이루었으며, 그동안 귀여운 아들과 딸이 하나씩 태어났다. 생각해보면 그동안 여러 가지 '출세(出世)'를 한 것 같은 느낌이다.

🏪 **ABOUT STORE**

add 京都府京都市東山区祇園町南側570-119
way to 게이한열차(京阪電車) 게이한본선(京阪本線) 기온시조역(祇園四条駅) 6번 출구에서 도보 5분. 6번 출구로 나와 야사카 신사(八坂神社) 방향으로 230미터 정도 걸어와 하나미코지(花見小路) 거리로 우회전해서 50미터 앞에서 다시 우회전한다. 조금 걷다가 바로 좌회전해서 100미터가량 쭉 직진하면 오른편에 있다.
tel   075-525-8300
time 11:00~19:00(Last order 18:30. 14:00~16:00 사이에 가장 붐빈다.)
homepage http://www.kyo-kinana.com/

菓匠 宗禅

카쇼 소젠

나 혼자 살던 원룸이 넷의 아지트가 되다

"난 한국에서 왔어. 외국인이라 모르는 게 많을 텐데 잘 부탁할게~"

어색한 웃음으로 긴장된 공기를 깨며 말했다.

"아, 나야말로 잘 부탁해."

"나도 나도! 내가 더 잘 부탁해."

"내가 더 잘 부탁해. 무슨 말부터 꺼내야 할지 몰랐어. 먼저 말 걸어
줘서 고마워."

나머지 세 명이 너도나도 서로 자기가 더 잘 부탁한다며, 내 어색함
을 누그러뜨려주었다. 거의 처음 만난 것이나 다름없는 네 명이 한 교
실에서 담임인 모리 선생님과의 면담 차례만을 기다리고 있자니 너무
나 어색했던 것이다. 교토 가메오카에 사는 순수하고 여린 성격의 사에
와 사카이에 사는 무심한 듯 정이 많은 마 짱, 와카야마에 살며 대학을
졸업하고 사회생활까지 하다가 온 섬세하고 배려심 많은 성격의 핫시,
그리고 한국에서 유학 온 나. 나이도, 사는 곳도, 지금까지 해온 것도 달
랐지만 어쩐지 오랜 친구처럼 말도 잘 통하고 같이 있는 시간이 편안하
게 느껴졌다.

이날 이후 우리는 실기 수업에서 같은 조가 되었고, 첫 실기 수업을
마치고 마 짱이 대뜸 나에게 말했다.

"황 상, 수업 끝나고 집에 같이 가도 괜찮아? 우리 오늘 양과자 수업 시간에 만들었던 케이크를 같이 먹으며 반성회를 하면 어떨까?"

집도 엉망인데 갑작스럽게 집에 온다는 말에 당황했지만, 입을 모아 말하는 셋의 등쌀에 못 이겨 결국 다 같이 우리 집으로 향하게 되었다. 그날부터였다. 나 혼자 살던 원룸이 넷의 아지트가 되어버린 것은. 우리는 틈만 나면 뭉쳐서 한국에서 EMS로 받은 짜파게티를 같이 끓여 먹고, 실기시험 준비를 하기도 하고, 네 명 모두가 너무나 좋아하는 타코야키(네 명의 단체 대화방의 이름이 '타코야키'일 정도) 파티를 하고 밤새 수다를 떨며, 좁은 원룸에서 이불 둘에 네 명이 몸을 맞대고 자기도 했다. 넷이 함께 있으면 언제나 웃음소리가 멈추질 않았고, 나이나 국적은 아무런 장애가 되지 않았다. 사실 일본 사람, 게다가 나이 차이도 많이 나는 아이들과는 어쩐지 친해지기 힘들 것 같았는데, 걱정했던 마음은 사라지고 마치 20년 전의 여고생 시절로 돌아간 듯한 하루하루가 너무나 즐거웠다.

타코야키, 교토에 가다

그러던 어느 여름날, 우리 넷은 의기투합해서 교토에 가기로 했다. 교토에 살지만 교토 관광은 거의 해본 적 없다는 막내 사에 짱의 말을 듣고 나서였다. 기요미즈데라와 고다이지에 가서 길흉 점괘도 뽑고, 사진도 찍고, 고다이지 밑에 있는 오래된 찻집에서 차도 마셨다. 그리고 산넨자카에서 야츠하시 시식도 잔뜩 하고, 맛차와 파르페를 무척 좋아하

카쇼 소젠

는 사이에 짱을 위해 〈카쇼 소젠〉 파르페를 먹으러 가기로 했다.

직물로 유명한 니시진(西陣)에 위치한 아라레* 가게인 〈카쇼 소젠〉은 130여 년 된 목조 건물에 들어서 있는데, 아라레를 비롯해 오카키**, 센베*** 등 여러 가지 쌀과자와 이를 응용한 과자들을 판매하고 있다. 노포 아라레 가게의 4대째인 야마모토 소젠(山本宗禅) 씨는 쌀을 씻고 말리고 구워서 맛을 내는 모든 작업을 전통 방식 그대로 해오고 있는데, 지금은 일본에서도 아라레와 센베의 수요가 줄어 점차 사라지는 추세라고 한다. 그가 후대에 이것을 전달하고 싶은 마음에 여러 가지 시도를 해본 것 중 유명한 게 바로 파르페와 '야키아이스(焼きアイス)'이다.

핑크색 노렌을 걷고 들어가면 옛 모습이 남아 있는 나무 기둥과 높은 천장 아래로 카페 공간이 넓게 펼쳐진다. 편안한 소파에 앉아 주문을 하면, 점원이 기다리는 동안 맛을 보라고 멋스러운 자기로 만들어진 빈 접시를 내어준다. 그러고 나면 가게 출입문 옆에 놓여 있는 각종 아라레와 센베를 시식할 수 있다. 잡음 하나 없이 조용한 니시진 거리에 고즈넉이 자리 잡은 가게 안에서 아라레와 센베를 맛보고 있으면, 바삭한 식감 하나하나에 나도 모르게 집중하게 된다. 그리고 그 오독오독 씹는 소리에 집중하다 보면, 금세 '니시진 파르페 히토에후타에(西陣パフェ-ひとえふたえ)'가 나팔 모양의 유리컵 안에 예쁜 층을 이루고 등장한다.

---

* 아라레(あられ): 찹쌀로 만든 떡을 작게 잘라 구운 과자.
** 오카키(おかき): 아라레보다 크기가 큰 과자.
*** 센베(煎餅): 부수거나 빻은 멥쌀을 구워 만든 쌀 과자.

맛보기용으로 나온 접시에 담은 각종 센베와 아라레

카쇼 소젠

니시진 파르페 히토에후타에 西陣パフェ-ひとえふたえ

교토에 디저트 먹으러 갑니다

장쾌한 바이올린 연주 같은 파르페

컵 안은 〈카쇼 소젠〉만의 특제 과자들이 15층을 이룬 알찬 구성으로 꽉 차 있다. 뒤쪽으로 꽂혀 있는 검은콩 센베, 둥근 모양의 산초 가루를 뿌려 포인트를 준 콩가루맛 아이스와 맛차 아이스, 맛차와 콩가루맛 경단, 구슬 장식처럼 늘어선 라즈베리와 블루베리, 오렌지 필이 들어간 쫄깃한 아이스 쇼콜라 두 조각 그리고 간장맛 아라레까지. 이 모두가 구름을 타고 있는 듯 진한 생크림 위에 올라가 있다. 구름을 헤집고 내려가면 우지 맛차를 넣어 만든 말랑말랑한 떡과 팥 생크림, 검은깨 아이스크림, 브라질 계약 농가에서 받은 커피로 만든 커피 아라레, 그리고 간장 풍미의 생크림이 쌓여 있다.

이 파르페를 위에서부터 먹다 보면 다양한 맛과 식감이 아주 철저하게 계산된 것이 느껴진다. 마치 내가 좋아하는 바이올리니스트 하카세 다로(葉加瀬太郎)의 곡 「정열대륙」과 같이 가슴을 두근거리게 하는 장쾌한 폭발력이 있다. 절묘한 타이밍에 주는 맛의 변화들이 밀물과 썰물이 자연스럽게 교차하듯 유려한 흐름으로 극적인 효과를 자아내는 바이올린 연주처럼 입안을 장악한다. 특히 맛차가 든 떡과 팥 크림, 검은깨 아이스크림을 먹으며 만나는 커피 아라레와 간장 풍미의 생크림은 그야말로 마지막까지 손과 혀가 느슨해질 틈을 주지 않는다. 이것을 제공된 두 개의 스푼으로 컵 둘레를 따라 리듬에 맞춰 편할 대로 먹고, 마지막에 파르페에 곁들여 나오는 초미니 아라레로 입가심하며 나만의 앙코르를 청하면 되는 것이다.

야키아이스 焼きアイス

〈카쇼 소젠〉에서만 맛볼 수 있는 아이스크림. 아이스크림을 비스킷 위에 올리고 그 위에 폭신폭신한 머랭을 올려 직원이 직접 눈앞에서 머랭을 버너로 구워준다. 맛차, 키나코 가루와 쿠로고(黑五)라는 몸에 좋은 다섯 가지 검은 가루를 뿌려준다.

교토에 디저트 먹으러 갑니다

넷이서 교토를 찾았던 그날은 〈카쇼 소젠〉에서 먹은 맛있는 파르페 덕분인지 분위기가 더 무르익어 모두들 헤어지기 아쉬워했다. 그래서 마지막이라며 들어간 가라스마오이케역 근처의 오키나와요리를 파는 이자카야에서 거하게 먹고 마시고는, 결국 가라오케까지 가서 밤새 넘치는 에너지를 발산하며 올나이트를 하고 첫차로 오사카에 돌아왔다. 그로부터 3년이 지난 지금, 사에 짱은 교토의 간미도코로에서, 마 짱은 빵집에서 일하고 있으며, 핫시는 와카야마의 가장 큰 양과자집에서 일을 배우고 있다. 이렇게 우리 넷은 서로 다른 곳에서 각자 일을 하며 연락을 하고 지낸다. 특히 핫시는 일이 바쁜 와중에 나를 보러 한국에 오기도 했었다. 지금도 이따금씩 일본에 놀러 가면 다 같이 만나서 "그때 정말 즐거웠지" 하며 웃곤 하는데, 이렇게 글을 쓰다 보니 매일 몰려다니며 떠들썩했던 그때가 더욱 진하게 그리워진다.

ABOUT STORE

add 京都府京都市上京区寺之内通浄福寺東角中猪熊町310-2

way to 교토시 버스(京都市バス) 6, 46, 59, 206번을 타고 겐류코마에(乾隆校前) 정류장에서 하차해 데라노마치도오리(寺之内通) 골목으로 400미터 직진하면 오른쪽에 보인다.

tel 075-417-6670

time 매장 10:00~18:00
카페 10:30~17:00(Last order 16:30)

closing day 월요일, 화요일(공휴일의 경우 영업함. 연말연시 부정기 휴일 있음)

homepage http://www.souzen.co.jp/

카쇼 소젠

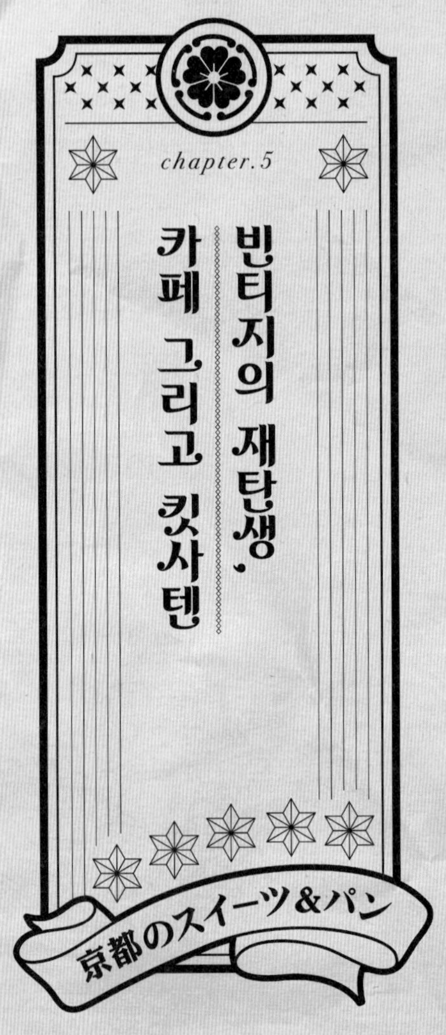

chapter.5
빈티지의 재탄생,
카페 그리고 킷사텐
京都のスイーツ＆パン

'킷사텐'이란 오래된 일본풍의 카페나 다방이라고나 할까. 커피, 차 등의 음료를 제공하고 샌드위치나 핫케이크 등 가벼운 식사류도 판매하는 곳을 말한다. 킷사텐을 카페라고도 하기 때문에 킷사텐과 카페를 정확히 구분해서 말하기는 어렵지만, 대강 우리가 아는 카페보다 더 고풍스럽고 일본적인 느낌이라고 생각하면 될 것 같다. 한국처럼 일본 역시 카페는 수도 없이 많으니 굳이 커피 한 잔을 마시자고 구글 어플을 열고 잘 알지도 못하는 길을 헤맬 필요까지는 없을지도 모르겠다. 하지만 요즘의 킷사텐은 다르다. 융 드립*이나 사이펀**으로 정성스럽게 내린 신선하고 진한 커피는 물론이고 요리 메뉴도 본격적이다.

예를 들면, 한국에서도 최근 화제가 되고 있는 '타마고 산도***'로 유명한 곳이라든가, 타임머신 못지않은 노스탤지어적인 분위기에서 추억의 핫케이크를 먹을 수 있는 곳, 푸른 조명 아래 컬러풀한 젤리가 들어 있는 후르츠펀치를 맛볼 수 있는 곳 등 저마다의 개성을 자랑하는 킷사텐이 요즘 일본에선 핫하다. 킷사텐의 인기로 킷사텐 메구리(喫茶店巡り 여러 곳의 킷사텐을 차례로 도는 것)를 하는 사람들도 쉽게 볼 수 있게 되었을 정도이다.

이번 장에서는 교토 고유의 분위기를 만끽하면서도 소문의 전설적인 요리를 맛볼 수 있어 세계적으로 인기를 끄는 킷사텐과 교토다운 정적인 분위기의 넓고 여유 있는 공간에서 진하게 녹아드는 카스테라를 맛보며 여행 속 힐링 타임을 가질 수 있는 카페를 소개한다. 당신이 어느 곳으로 발걸음을 옮기건, 교토만의 매력을 더한 공간에서 여행의 한 페이지를 장식할 수 있을 것이라 확신한다.

---

* 융 드립(Flannel drip): 일반적인 종이 필터 대신 플란넬이란 천으로 걸러내는 방식으로, 커피의 오일 성분까지 통과되어 풍부하고 깊은 맛의 커피를 추출할 수 있다.
** 사이펀(Siphon): 압력을 이용하여 커피를 추출해내는 커피 추출 기구.
*** 타마고 산도(たまごサンド): 일본식 계란말이 샌드위치.

빈티지의 재탄생, 카페 그리고 킷사텐

젠카쇼인

일본 분위기 물씬 나는 카스테라 전문점

然花抄院

벚꽃놀이를 즐기며 화과자와 휴식을

일명 '맛집'을 찾아내는 방법은 크게 두 가지가 있다. 타베로그(일본 맛집 정보 사이트)나 학교 선생님 등에게 추천을 받는 방법과, 정처 없이 걷다가 우연처럼 끌려 들어가는 방법. 마치 노천 온천에 처음 발을 담글 때 '밝은 낮이냐 어두운 밤이냐'와 같다. 물속이 들여다보이는 낮에 발을 담그면 어느 정도 바닥의 모양과 앉았을 때의 주위 풍경이 대략 예상되지만, 깜깜한 밤에 발을 담그면 바닥과 주위 풍경 모두 살짝 겁이 날 만큼 예측불허이다. 물속에서 불현듯 희귀 생물체가 빛을 발하며 나타나는 건 아닐까 진지하게 걱정도 되고 말이다.

자타공인 길치임에도 불구하고 걷기를 좋아하는 나는 시간만 허락한다면 두 번째 방법을 시도할 때가 많다. 물론 이 방법으로 맛집을 발견할 확률은 매우 적지만, 그중에서도 '대박'을 건진 사례가 있었으니 바로 〈젠카쇼인〉이다.

'然花抄院(젠카쇼인)'이라는 다소 독특한 가게 이름은 '카시(菓子 과자)'의 'か(카)'발음과 같은 '花(꽃)'를 사용해, 꽃처럼 그래야만 하는 당연한 모습으로 존재하는 과자를 파는 가게라는 의미이다. 입구에서 가게를 마주하면 강한 붓 터치로 된 노렌의 문형에서부터 예사롭지 않은 분위기를 느끼게 된다. 하얀색 노렌을 걸고 들어서면 가게 내부는 고즈

넉하고 조용한 분위기이다. 한쪽 벽에 장식된 꽃 풍경을 그린 수묵화의 붓터치나 전면 유리 너머로 보이는 정원과 갤러리가 운치 있다. 특히 꽃 피는 봄이 오면 정원에 있는 벚나무에서 벚꽃놀이를 하는데 특등석이 따로 없을 정도이다. 널찍한 소파석에 앉아 차 한 잔에 맛있는 화과자를 먹으며 쉴 수 있다니, 여유를 만끽하기에 이만한 곳이 없을 것 같다.

금수저 달걀로 만든 카스테라

우연히 들어선 카페인 〈젠카쇼인〉은 알고 보니, 카스테라 전문점이었다. 여기서 '카스테라(カステラ)'란 16세기 포르투갈에서 전해진 과자를 기원으로 하여 일본에서 발전시킨 화과자의 일종인데, 밀가루와 달걀, 설탕 등으로 만드는 것이다. 이곳 〈젠카쇼인〉에서는 최고의 검은콩으로 치는 단바 검은콩을 먹고 자란 닭이 낳은 달걀을 사용한다. 색과 맛이 보통의 달걀보다 진한 금수저 달걀인 셈인데, 그것을 사용해 만든 '젠 카스테라(然カステラ)'는 생김새도 독특하다. 화산 분화구를 연상시키는 동그란 모양으로 세련된 원형 종이상자에 포장되어 있다. 상자에 직접 반죽을 부어서 굽는 방식으로, 원형 종이 틀에 열이 골고루 전달되어 부드러우면서도 진득한 카스테라가 완성된다.

카페에서 주문하면 조각 케이크처럼 커팅되어 나오는데, 뾰족한 안쪽 부분은 농후한 치즈 같아서 입에 넣으면 달걀의 녹진한 맛과 함께 기분 좋은 단맛이 퍼진다. 또한 가장자리 부분은 부드럽게 부풀어 마치

진한 수플레 케이크를 연상시키는 식감이다. 테이크아웃 할 경우의 패키지도 상당히 멋스럽다. 새하얀 종이 재질 케이스에 원형의 카스테라가 들어 있고, 그것을 자연스럽게 감싸 안듯 하얀 띠가 둘러져 있다. 일본의 보자기를 연상시키는 모습으로 동양적이면서도 기품 있는 심플한 구성 덕분에 선물용으로도 좋다.

최근에는 맛차가 들어 있는 '젠카스테라 텐(然カステラ 碾)'도 출시되

어 인기를 끌고 있다. 그리고 젠카스테라에 사용되는 것과 같은 계란 노른자를 종이 용기에 천천히 부어 익힌 것으로, 입에 넣었을 때 달콤하게 풀려버리는 '란미츠(卵蜜)'도 있다. 4~5인용의 커다란 사이즈와 1~2인용의 작은 사이즈가 있는데, 참고로 어제 만 두 살짜리 아들이 이 작은 사이즈 하나를 혼자 순식간에 먹어치웠다. 감탄이 절로 나온다. 아이들은 맛있는 걸 참 귀신같이 안다.

만약 당신이 개방된 안뜰을 바라볼 수 있는 소파석에 앉았다면, 휴식을 즐길 메뉴로 '무로마치노젠(室町ノ膳)'을 추천한다. 무로마치노젠은 이곳의 대표 메뉴인 젠카스테라와 음료, 개인적으로 가장 마음에 드는 과자인 포란(宝卵)과 셋카소우(雪花霜)로 구성된 세트로, 이곳의 알짜를 모아 선물세트처럼 합리적인 가격에 맛볼 수 있다. '포란'은 보송보송한 카스테라와 시원하고 진한 커스터드 크림이 적당한 달콤함으로 입안을 적셔 절로 입가에 미소 짓게 하고, '셋카소우'는 부드러운 맛차 카스테라에 진한 맛차맛 아이스크림을 샌드한 과자로, 맛차를 좋아하는 사람이라면 틀림없이 마음에 들어 할 것이다. 참고로 테이크아웃이 불가능해 소량으로 맛보려면 이렇게 카페에서 세트로 맛보아야 한다.

카스테라 전문점에서 도라야키를

테이크아웃 상품으로 무언가 사고 싶다면 도라야키 '혼와카마루(ほんわか丸)'를 강력 추천한다. 카스테라 전문점에서 웬 도라야키냐고 할

1. 란미츠卵蜜
2. 무로마치노젠室町ノ膳

1. 사쿠라노젠 桜ノ然 (봄 한정 메뉴)
2. 혼와카마루 ほんわか丸
3. 호지차 파르페 ほうじ茶パフェ

교토에 디저트 먹으러 갑니다

지 모르지만, 이곳의 도라야키는 촉촉하게 잘 구워진 생지에 팥 앙금과 부드러운 규히의 조합이 아주 좋다. 이 도라야키와 카스테라 러스크, 스위트 포테이토로 구성된 세트도 선물용으로 자주 사는데, 패키지가 동양적이면서도 세련되어 매번 주위에서 좋은 평을 받는 과자 세트이다. 모처럼 들뜬 마음으로 새 옷을 입고 외출했는데 상대방이 "이 옷 어디서 샀어? 너무 예쁘다~"라고 칭찬이라도 해주면 그보다 기쁜 일이 없지 않나. 지인에게 이 세트를 건네러 가는 길은 마치 새 옷을 입고 가는 양 마음이 들뜬다. 게다가 상대는 백발백중 물어본다. "그때 그거 어디서 샀어? 패키지도 정말 예쁘고 맛있더라"라고.

온천에 가는 것을 좋아하는 사람들은 저마다의 이유가 있을 것이다. 온천 후에 먹는 맛있는 음식이 좋아서, 따끈한 온천에 몸을 담그고 릴랙스하는 시간이 좋아서, 아니면 일상과는 다른 풍경에서 작은 여행을 하는 기분을 느낄 수 있어서. 카페에 가는 것을 좋아하는 사람도 저마다의 이유가 있다. 카페 메뉴 중 좋아하는 것이 있어서, 편안한 소파에 앉아 잔잔하게 흐르는 음악을 들으며 하는 독서가 좋아서, 혹은 카페에서 보이는 풍경을 보며 잠시 바쁜 일상에서 벗어날 수 있어서 등등. 공교롭게도 〈젠카쇼인〉은 이 모든 이유를 만족시켜준다. 맛있는 화과자와 차, 차분한 분위기, 정적인 풍경과 멋스러운 갤러리가 모두 갖춰져 있는 곳. 어둠 속 노천 온천에 첫발을 담그는 셈 치고 한번 들러보는 건 어떨까? 혹시나 취향에 맞아 여행 중 즐거운 시간을 보낼 수 있다면 나로서는 더없는 기쁨이겠다.

젠카쇼인 무로마치 본점然花抄院 京都室町本店

add	京都府京都市中京区室町通二条下ル蛸薬師町271-1
way to	지하철 가라스마선(烏丸線) 가라스마오이케역(烏丸御池駅) 2번 출구에서 도보 4분. 가라스마오이케역 2번 출구로 나와 100미터 직진해 2번째 골목인 무로마치 도오리(室町通)로 우회전해서 230미터 정도 가면 왼편에 보인다.
tel	075-241-3300
time	11:00～19:00(카페 Last order 18:30)
closing day	2, 4째주 월요일(월요일이 공휴일이면 영업하고, 다음날이 휴일)
homepage	http://zen-kashoin.com/

젠카쇼인 교토 헤이안진구 내 시대제관 토니토니점

然花抄院 京都・平安神宮内 時代祭館 十二十二店

add	京都市左京区岡崎西天王町97-2
way to	JR 교토역(京都駅)에서 교토시 버스(京都市バス) 5번을 타고 교토카이칸 비주츠칸마에(京都会館 美術館前) 정류장에 내려 헤이안진구(平安神宮)로 걸어가면 그 안에 위치하고 있다.
tel	080-9408-9827
time	10:00～18:00
closing day	연중무휴

젠카쇼인 무로마치 본점然花抄院 京都室町本店

교토에 디저트 먹으러 갑니다

喫茶マドラグ

사연 많은 타마고 산도

킷사·마도라구

아내를 위해 시작한 킷사텐, 아내를 위해 끝까지

혼자 사는 원룸은 조용하다. 일본에 혼자 살면서부터 쓸쓸함을 달래려고 일본어 듣기 공부라는 명목으로 자기 전까지 뉴스라도 틀어놓는 버릇이 생겼다. 그러던 어느 날 TV에서 한 부부의 사연을 재연한 드라마를 방영했다. 평소에는 화면도 보지 않은 채 한쪽 귀로 듣고 한쪽 귀로 흘려버리는 TV 소리였지만, 왠지 이날은 이야기에 이끌려 집중해서 보게 되었다.

무뚝뚝한 성격에 손재주가 없는 야마자키는 하는 일마다 뭔가 제대로 되지 않았는데, 우연히 헌옷 가게에서 일하던 눈이 크고 밝은 성격의 나츠미와 사랑에 빠져 결혼을 한다. 교토의 오래된 상점가를 부활시키는 일을 하는 회사에 근무하던 그는 어느 날, 가라스마오이케(烏丸御池)의 오래된 킷사텐인 〈킷사 세븐(喫茶セブン)〉의 점주가 타계해 가게가 없어지게 되었다는 말을 듣는다. 그리고 그 뒤를 이어 킷사텐을 운영해보지 않겠느냐는 제안을 받게 되고, 사람을 대하는 일에 자신이 없었던 그는 결정을 망설인다. 하지만 아내인 나츠미가 언젠가는 둘만의 킷사텐을 운영하고 싶다고 했던 말을 떠올려 〈킷사 세븐〉에 가보게 되고, 그곳이 아내가 그려온 킷사텐의 이미지와 너무 딱 들어맞아 대번에 계약을 하게 된다. 50년이나 된 낡은 가게였지만, 쓰지 못하는 부분만

공사를 하여 〈킷사 세븐〉의 분위기는 그대로 남겨두고 2011년 9월 이름을 〈킷사 마도라구〉로 변경하여 영업을 시작하게 된다.

'마도라구'라는 이름은 아내가 좋아하던 프랑스 여배우 브리짓 바르도의 별장 이름으로, '지치고 힘들 때 떠나는 별장과 같은 곳'이 되었으면 하는 바람에서 지은 이름이었다. 초반에는 〈킷사 세븐〉의 단골이었던 사람들이 반가운 마음에 가게를 찾아왔다. 그러나 이전의 점주와 비교하며 혹평을 쏟아냈고, 그는 그들의 불평과 조언을 귀담아 듣고 〈킷사 세븐〉을 재현해나가기 시작했다. 물론 사람을 대하는 것이 서툰 그 대신에 밝은 성격의 아내 나츠미가 이를 도맡아 하며 말이다.

그러다 우연한 기회에 1945년 창업한 교토의 오래된 양식 레스토랑 〈코로나(コロナ)〉의 점주로부터 코로나의 명물 계란말이 샌드위치인 '타마고 산도'를 전수받지 않겠냐는 제안을 받는다. 〈코로나〉의 점주는 96세의 고령으로 더 이상 가게를 운영할 수 없었는데 뒤를 이을 사람이 없는 상황이었다. 야마자키는 명물 타마고 산도의 레시피와 만드는 과정을 직접 전수받고 〈킷사 마도라구〉에서 '코로나의 타마고 샌드위치'라는 이름으로 메뉴를 판매하게 된다. 하지만 왠지 모르게 코로나의 달걀 샌드위치를 즐겨 먹던 손님들이 〈킷사 마도라구〉의 달걀 샌드위치는 맛이 다르다며 입을 모아 이야기한다. 레시피는 분명 그대로인데, 왜 그랬을까. 그는 빵, 달걀, 조미료부터 다시 점검하고 빵의 커팅 방법, 달걀을 빵에 샌드하고 손으로 누르는 압력, 수분, 염분, 불 조절 등을 하나하나 다시 살피면서 엄청난 시행착오를 거쳐 〈코로나〉의 단골들에게도 인정받기 시작하고, 비로소 가게는 안정되어 간다.

그러나 이 무슨 신의 장난인지, 그 무렵 갑자기 나츠미가 지주막하 출혈로 쓰러져 33세의 젊은 나이로 2주간의 입원 끝에 세상을 떠나고 만다. 그는 실의에 빠져 가게를 닫으려 하지만 가게 곳곳마다 아내의 손길이 닿지 않은 곳이 없었고, 아내의 꿈이기도 했던 가게 〈킷사 마도라구〉를 차마 버릴 수 없었다. 결국 그는 아내가 떠난 지 일주일 만에 혼자서 가게 문을 다시 연다. 이후 그는 자신의 아내와 〈코로나〉 점주, 〈킷사 세븐〉 점주 세 명의 몫까지 다한다는 생각으로 〈킷사 마도라구〉를 열심히 꾸려나가고 있다고 한다.

재연 드라마를 잘 안 보던 나였는데 이 이야기는 푹 빠져 보게 되었고, '대체 사연 많은 타마고 산도는 어떤 맛일까, 둘의 추억이 담겨 있는 킷사텐은 어떤 분위기일까' 하는 생각에 프로그램을 본 그 주 주말에 바로 교토로 넘어가 먹어보기로 했다. TV에 나오면 사람들이 엄청나게 몰린다는 걸 알고 있었기에 아침 일찍 서둘러 오사카에서 출발을 했지만, 오픈 40분 전에 도착한 마도라구 앞에는 이미 네다섯 명의 손님들이 줄을 서고 있었다. 쌀쌀한 바람이 매섭게 불던 12월, 얇은 옷을 입고 나간 나 자신을 원망하며 발을 동동 구르며 차례를 기다렸다. 이윽고 오픈 시간이 되자 점원이 나와서 이미 첫 타임은 전화 예약으로 꽉 찼으니 3시간 후에야 먹을 수 있다고 말했다. 순간 망설이기는 했지만, 대기 리스트에 이름을 올리고 근처의 화과자집과 카페를 둘러보기로 하였다.

특대 사이즈 달걀 네 개가 든 샌드위치

〈킷사 마도라구〉의 'coffee'라고 쓰인 파란 간판과 전신주 뒤로는 옛 점포 〈킷사 세븐〉의 간판이 남아 있다. 문을 열고 들어가면 시대물에서 보던 우리나라 60~70년대의 다방 분위기에 의외로 높은 천장이 인상적이다. 총 18석이 들어찬 가게 내부에는 지나온 시간을 말해주는 듯한 옛날 포스터, 엽서들이 벽면에 장식돼 있고 여기저기 책들과 장식품 등 사람의 흔적이 많이 묻어난다. 가장 인기 있는 메뉴는 단연 타마고 산도이지만, 킷사텐답게 가벼운 식사 메뉴들도 판매하고 있다. 그중 뜨거운 철판에 달걀을 붓고 새콤한 케첩맛의 얇은 파스타 면과 야채를 올린 '철판 나폴리탄(鉄板ナポリタン)'은 타마고 산도의 뒤를 잇는 인기 메뉴라고 한다.

오전 11시 반부터 예약을 받고, 예약한 시간이 되면 다시 찾아가서 자리를 안내받고 주문해야 겨우 맛볼 수 있는 화제의 '코로나의 타마고 샌드위치(コロナの玉子サンドイッチ)'는 두껍게 커팅한 식빵 사이에 특대 사이즈 달걀 네 개를 풀고 다싯물을 넣어 두껍게 만 계란말이를 샌드한 것이다. 식빵의 한 면에는 마요네즈와 머스터드 소스를, 다른 한 면에는 데미그라스 소스와 토마토 소스를 얇게 발라 약간의 샐러드와 함께 접시에 낸다. 샌드위치의 두께가 10센티미터는 족히 돼 보일 정도로 압도적인 크기라서 한입에 먹기에는 무리가 있으며, 소식가는 다 먹을 엄두조차 내지 못할 것 같다.

나는 반으로 갈라서 마요네즈와 머스터드가 발린 쪽과 데미그라스 소스와 토마토 소스가 발린 쪽으로 나눠 먹었다. 빵 자체는 그다지 특별한 것이 없었지만, 안의 계란말이가 정말 촉촉하고 생기 있고 탱글탱글했다. 다시마의 맛이 잔뜩 우러난 다싯물을 넣어 만든 만큼 일본요리에 가까운 느낌이지만, 곁들이는 소스가 양식풍이라 둘이 어우러지며 절묘한 맛을 낸다. 마요네즈와 머스터드와 먹으면 계란말이가 더 부드럽게 느껴지며 다시향과 맛이 살아 있어 깔끔하고, 데미그라스 소스와 토마토 소스가 발린 쪽은 소스의 맛이 더해져 좀 더 양식풍에 가깝다.

주위는 TV를 보고 찾아온 다양한 손님들로 만원을 이루고 있었다. 겨우 한두 명이 가게를 빠져나가면, 다음 예약 손님이 차례차례 들어와 한가할 시간이 없었다. 그리고 열에 아홉은 커피와 타마고 산도를 주문해 입안 가득 뜨거운 샌드를 후후거리며 먹고 즐거워하는 모습이었다. 타마고 산도를 다 먹고 다시 한 번 가게 안을 찬찬히 둘러보니, TV에서

교토에 디저트 먹으러 갑니다

보았던 재연 드라마 속 아내가 이곳에서 일하는 모습이 눈에 선했다. 점주의 아내가 꿈꿨던 킷사텐의 이미지는 이런 것이었을까. 그녀가 좋아했다던 프랑스 여배우가 지치고 힘들 때 찾았던 별장에 이런 달걀 샌드위치가 있으리라고 상상이나 했을까. 젊은 부부가 킷사텐을 꾸려나가려 고생했던 그때, 이렇게 복작거리는 킷사텐이 되리라고 상상이나 했을까. 왠지 마음이 조금 아파오는 것이었다.

+알짜TIP

〈킷사 마도라구〉에서 타마고산도를 못 먹었을 때의 대안. 〈킷사 마도라구〉에서 운영하는 교토 산죠역 근처의 또 다른 킷사 〈킷사 가보루(喫茶ガボール)〉에서 같은 타마고산도를 판매하고 있다(지하라서 어두컴컴하고 몇십 년은 묵었음직한 담배 향기가 배어 있는 킷사이지만 킷사를 더 진~하게 경험할 수 있다).

add   京都府京都市中京区中島町103藤田ビル B1F
time   15:00~25:00(월~금) 12:00~25:00(토, 일, 공휴일)(12:00~16:00 런치)
closing day   수요일

ABOUT STORE

add   京都府京都市中京区押小路通西洞院東入ル北側上松屋町706-5
way to   지하철 가라스마선(烏丸線) 가라스마오이케역(烏丸御池駅) 2번 출구에서 도보 9분. 2번 출구로 나와 300미터 직진해 가만자도오리(釜座通)로 우회전하고, 130미터 정도 가면 나오는 작은 사거리에서 좌회전하면 오른편에 있다.
tel   075-744-0067(11시 30분 타임은 전화 예약 가능. 예약하지 않으면 보통 1시간에서 2시간 반 정도 기다려야 한다.)
time   11:30~22:00(Last order 21:00)
closing day   일요일(임시휴일 있음. 페이스북 참고)
homepage   http://madrague.info/
                https://www.facebook.com/lamadrague.kyoto

Part 2

백년 제과 장인의 손맛!
테마별 서양풍 디저트

Theme
Dessert

chapter.1
달콤 상큼한 교토,
후르츠 산도
京都のスイーツ&パン

일드를 좋아하는 사람이라면 아마도 '먹방 일드'를 한 번쯤은 접해봤을 것이다. 그중에서도 한국에서 인기리에 방영된 「고독한 미식가」는 이른바 '혼밥'의 정석이 아닐까 싶다. 방치해둔 지 1년이 다 되어가는 비루한 내 블로그에서도 이 드라마에 관련된 포스팅만은 어쩐지 항상 조회 수가 높다. 평소 아침 드라마조차 잘 보지 않는 우리 부모님이 일본에 오시면 "「고독한 미식가」라는 드라마에서 이런 걸 봤어. 그 사람 정말 맛있게 먹더라"는 말을 연발하실 정도이다.

이 드라마를 간단히 설명하자면, 수입 잡화 무역상인 주인공 이노카시라 고로가 출장 영업을 다니며 그 동네의 일반 식당에서 '혼밥'을 즐기는 내용이다. 중년 아저씨가 대단치 않은 음식을 오로지 먹기만 하면서 감상을 늘어놓는 게 얼마나 재미가 있을까 싶지만, 음식에 대한 생생하고 위트 있는 묘사

나 주옥같은 대사, 폭풍 먹방에 절묘하게 어울리는 배경음악이 즐겁고, 마지막 부분의 간단한 가게 소개로 깨알 같은 정보까지 얻을 수 있는 중독성 있는 드라마이다. 주인공을 연기하는 마츠시게 유타카는 사실 소식가라서 촬영 전 항상 밥을 굶고 들어간다고 하는데, 그 노력이 무색하지 않게 잘 먹는 모습으로 매번 시청자들에게 대리만족을 준다. 그야말로 힐링 먹방이다.

인기에 힘입어 2017년 4월 시즌 6까지 나온 「고독한 미식가」. 그중에서 시즌 3의 1화에 나온 것이 '후르츠 산도(フルーツサンド)'이다. 고객과 만나기로 한 다방에 들어선 고로는 머리부터 발끝까지 검정 옷을 두른 수상한 모습의 여자와 마주하게 된다. 악마의 동상을 구해달라는 고객의 요구에 황당해하면서도 일단 주문을 하고, 황당한 마음을 달래줄 메뉴를 찾은 것이 바로 '후르츠 산도 세트(フルーツサンドset)'

달콤 상큼한 교토, 후르츠 산도

였다. 곧 크림과 과일이 듬뿍 들어 있는 후르츠 산도와 커피가 함께 나온다. 후르츠 산도를 한입 베어 문 고로는 그 홀쭉한 얼굴에 만면의 웃음을 띠며 방금 전의 황당함은 잊고 순식간에 먹어 치운다. '위를 채우는 방법이 매우 신선했다'며 감탄하던 그가 후르츠 산도를 먹고 블랙 커피를 마신 후 읊조린 마지막 대사. "블랙 커피가 비엔나 커피*처럼 느껴진다."

이 대사가 너무 와 닿아서 한밤중에 정말 후르츠 산도에 커피를 먹은 듯한 기분이 들었다. 다음날 반드시 먹겠다는 결심을 하고 잤다. 배가 엄청 고플 때 봤더라면 고문도 그런 고문이 없었겠지만.

---

* 비엔나 커피(Vienna coffee): 아메리카노 위에 휘핑 크림을 가득 얹은 커피.

フルーツ パーラー ヤオイソ

후르츠 파라 야오이소

과일 가게에서 운영하는 신선한 카페

교토에서 '후르츠 산도'라고 하면, 열이면 열 〈후르츠 파라 야오이소〉를 떠올릴 정도로 유명한 가게이다. 1869년에 창업한 이래 교토 사람들에게 오랫동안 사랑받아왔다. 가게 내부는 한국의 분식점 같은 분위기로, 멜론과 체리가 그려진 역동적인 벽화가 인상적이다. 이는 교토의 화가 기무라 히데키(木村英輝)의 작품이라고 한다. 과일 가게에서 운영하는 가게인 만큼 후르츠 산도의 종류도 다양해 취향대로 고를 수 있다. 그중 일반 후르츠 산도보다 과일 크기가 실한 '스페셜 후르츠 산도(スペシャルフルーツサンド)'가 특히 인기이다. 한 조각에 네 장의 얇은 식빵을 사용하고 딸기, 멜론, 키위, 파인애플 등 각자의 존재감을 자랑하는 과일을 달콤한 생크림과 함께 샌드한 것이다. 생크림이 달고 진하지만 느끼함이 없어 깔끔하게 먹을 수 있다. 후르츠 산도를 커피와 함께 먹고 정말 비엔나 커피가 되는지 시험 삼아 확인해보는 것도 좋겠지만, 바로 갈아주는 생과일 주스와 함께 먹으면 몇 배나 되는 신선함을 느낄 수가 있다.

과일이 나오는 계절에 따라 '망고(マンゴー)'는 5월~여름, '복숭아(桃)'는 7~9월, '무화과(いちじく)'는 6~10월, '감과 밤(柿, 栗)'은 10~11월, '서양배(ラフランス)'는 11~12월, '딸기(いちご)'는 12~4월로 한정되어 있

1. 무화과 후르츠 산도 いちじくフルーツサンド
2. 복숭아 후르츠 산도 桃フルーツサンド
3. 스페셜 후르츠 산도 スペシャルフルーツサンド

후르츠 파라 야오이소

딸기 후르츠 산도いちごフルーツサンド와 딸기 주스

기 때문에 꼭 먹어보고 싶은 특정 과일이 있다면 방문 시 참고하는 것
이 좋다. 후르츠 산도와 생과일 주스 이외에도 과일이 들어간 파르페와
롤 케이크, 케이크, 젤리 등도 판매하고, 후르츠 산도와 세트로 주문도
가능하다.

add	京都市下京区四条大宮東入ル立中町496
way to	한큐열차(阪急電鉄) 교토본선(京都本線) 오미야역(大宮駅) 2A 출구에서 70미터. 2A 출구로 나오면 바로 보이는데 그곳은 과일만 판매하는 곳이고, 조금 더 직진하면 야오이소 카페가 나온다. 테이크아웃도 가능하다.
tel	075-841-0353
time	09:00~17:00(Last order 16:45)
homepage	http://yaoiso.com/

교토에 디저트 먹으러 갑니다

市川屋珈琲

이치카와야 커피

달콤한 산도와 부드러운 커피, 푸른빛 도자기의 조화

예부터 도자기로 유명한 교토의 히가시야마구(東山区)에 위치한 커피집이다. 200년 된 목조 가옥을 개조해서 만든 가게로, 본래 도예가였던 이치카와 씨의 할아버지가 작업하던 건물을 이어받았다고 한다. 점주 이치카와 요스케(市川陽介) 씨는 교토의 노포 〈이노다 커피(イノダコーヒー)〉에서 18년간 근무하고, 2015년 11월 부인과 함께 현재의 〈이치카와야 커피〉를 오픈했다. 가게에 들어서면 커다란 로스팅 머신이 보이고 고풍스러우면서도 군더더기 없는 깔끔한 인테리어가 왠지 편안하게 느껴진다. 로스팅 머신이 있는 자리는 천장이 높고 커다란 창으로 트여 있어 자연스럽게 부드러운 햇살이 들어와 가게 안을 비춘다. 이런 곳에서 아침을 맞이한다면 세상 평화로워 부러울 것이 없을 것만 같다.

키친과 마주한 카운터 석에 앉으면 점주 이치카와 씨가 커피를 내리는 모습과 하나하나 정성스럽게 과일을 손질하는 모습을 볼 수 있다. 옆쪽으로는 차분하게 정돈된 안뜰이 보인다. 1층은 가게로 사용하고 2층은 부부가 사는 공간이라고 한다. 소문을 듣고 온 듯한 관광객들도 보이고, 양복을 입은 중년 아저씨들이 커피 한 잔을 놓고 오랫동안 신문을 보며 여유로운 시간을 즐기는 모습이 인상적이다. 번화가의 카페가 아니지만 9시 오픈 시간부터 손님들로 북적거리고 점심시간부터는 자리 잡기가 힘들 정도이다. 좀 더 여유롭게 즐기고 싶다면 10시~11시 즈음에 가는 것을 추천한다.

인기 메뉴인 '계절 후르츠 산도(季節のフルーツサンド)'는 매월 그 시기에 가장 맛있는 과일로 만들어진다. 예를 들면 여름에는 복숭아와 멜론, 가을에는 무화과와 서양배, 겨울에는 딸기를 넣는 식이다. 식빵은 근처에 있는 오래된 동네 빵집 〈팡야 니코리(パン屋ニコリ)〉의 것을 사용하며, 부드럽고 촉촉한 스타일이다. 생크림은 과일의 당도에 따라 설탕의 양을 조절하므로 그때마다 다르지만, 진하게 느껴지는 밀크향에 가벼운 느낌이라서 과일과의 밸런스가 좋다. 단맛이 강한 감을 샌드하는 경우, 생크림에 설탕을 전혀 넣지 않기도 한다. 식빵 세 조각과 과일, 생크림이 아낌없이 들어 있는 후르츠 산도는 볼륨감이 있고 자른 단면 또한 알록달록 예뻐 SNS 사진으로도 인기 만점이다.

후르츠 산도를 한입 먹고 나서 마시는 '이치카와야 블렌드 커피'는 이치카와야 특유의 좋은 향이 나고 부드럽다. 고로의 명언처럼 블랙 커피가 크림이 휘핑된 비엔나 커피처럼 느껴질 것이다. 〈이치카와야 커피〉에서는 손님들이 천천히 커피를 즐길 수 있도록 커피향과 맛이 오래가는 융 드립으로 내린 커피를 내고 있다. 달콤한 향이 나는 '이치카와야 블렌드(市川屋ブレンド)', 부드러운 산미의 '청자 블렌드(青磁ブレンド)', 중후한 풍미의 '우마마치 블렌드(馬町ブレンド)' 이렇게 3종의 서로 다른 특성을 가진 커피가 있는데, 모두 샌드위치에 어울리는 부드러운 맛을 추구하고 있다. 후르츠 산도를 먹다가 커피가 어느새 사라지면 230엔만 추가해 두 잔째 커피를 마실 수가 있다. 커피를 주문하면 푸른 빛깔

계절 후르츠 산도 季節のフルーツサンド 딸기와 자몽

교토에 디저트 먹으러 갑니다

타마고 산도たまごサンドと 커피

의 자기로 만든 멋진 잔에 커피가 제공되는데 이것이 바로 교토의 자기
로 유명한 '기요미즈야키(清水焼)'이다. 이곳에서 사용하는 그릇은 점주
이치카와 씨의 형이 만든 것들로 판매가 되고 있으니 마음에 들면 구입
도 가능하다.

ABOUT STORE

add 　京都府京都市東山区渋谷通東大路西入鐘鋳町396-2
way to 　교토시 버스(京都市バス) 86, 202, 206, 207번을 타고 우마마치(馬町) 정류장에서 내려
버스 진행 방향으로 조금 걷다 보면 로손(LAWSON)이 보인다. 로손 옆으로 나 있는 골목으
로 좌회전해서 조금 걷다 보면 오른편에 보인다.
tel 　075-748-1354
time 　09:00~18:00
closing day 　화요일, 마지막 주 수요일
homepage 　https://www.facebook.com/ichikawayacoffee

chapter.2
일본 전 국민이 인정한
서양빵의 대가들
京都のスイーツ&パン

일본은 1도(都) 1도(道) 2부(府) 43현(県)의 총 47개 행정구역으로 나뉘어져 있다. 많은 지역이 있는 만큼 뉴스 등 TV 방송에서 각 지역의 각종 랭킹을 매겨서 보여주곤 한다. 예를 들면, 교토부는 니혼슈(日本酒) 생산량 부문에서 근소한 차이로 효고현에 이은 2위이며, 국보 중요문화재 수 부문에서 나라현에 이은 2위를 자랑한다. 이렇게 일본의 전통적인 것에서 전국 톱에 꼽히는 교토부이지만, 그 이미지와는 반대로 1위를 달리는 것이 하나 있다. 바로 빵 소비량이 몇 년째 전국 1위를 지키고 있다는 사실이다.

전국에서 가장 일본스러운 이미지의 도시 교토에서 빵 사랑이 왜 그리 대단한지 이유가 궁금해진다. 혹자는 우스갯소리로 전통의 도시 교토에 살다 보니 오히려 전통적인 음식에 지쳐 빵을 좋아하는 것이 아니냐고도 말하지만, 실제 이유가 무엇인지는 알 길이 없다. 분명한 것은 다른 어떤 지역보다 교토에서 빵집을 자주 발견할 수 있다는 것이고, 교토 사람들의 70~80퍼센트가 아침식사로 밥이 아닌 빵을 먹는다는 사실이다. 그러고 보면 그 결과로 교토에 맛있는 빵집들이 많이 생겼는지도 모르겠다.

이번에는 이렇게 빵순이, 빵돌이가 많이 살고 있는 교토에서 교토인들의 사랑을 그 어느 빵집보다 듬뿍 받고 있는 두 곳을 소개하려고 한다. 한 곳은 교토 중심에서 조금 떨어진 곳에 위치했음에도 불구하고 넓은 가게 문 밖까지 행렬이 끊이지 않아 서쪽의 빵 성지로 불리는 곳이고, 다른 한곳은 일주일에 단 3일밖에 영업을 하지 않지만 교토에서의 인기에 힘입어 도쿄까지 진출한 곳이다. 어느 쪽이건 오너가 참 부럽기도 하지만, 현재의 자리에 오르기까지 두 사람의 노력은 비상한 것이었음에 틀림없다. 일본 전국을 아우르는 빵 마이스터(Meister 기능장)인 그들의 가게에 방문해서 수준 높은 교토의 빵 레벨을 몸소 체험해보자.

일본 전국에서 찾아오는 손님들이
끊이지 않는 빵의 성지

타마키테

빵 소비량 1위 교토 최고의 인기 빵집

도쿄에서 지내던 몇 달, 나는 기치조지라는 곳에 살았는데 그곳에서 얼마간 전차를 타고 가면 시모키타자와(下北沢)라는 젊은이들 중심의 동네가 있었다. 왠지 모르게 홍대 앞과 비슷한 그곳에 마음이 가 그곳을 자주 찾았던 기억이 난다. 실제 시모키타자와는 여러 대학 캠퍼스가 가까이 있어 풋풋한 대학생들을 흔히 볼 수 있었고, 아기자기한 잡화점, 매니악한 느낌이 물씬 나는 빈티지 옷 가게, 오래되어 손때 묻은 듯한 소극장 등이 있었다. 이곳을 걸으면 마음이 편하면서 골목마다 새로운 것을 발견하는 재미에 설레곤 했다.

이 시모키타자와의 작지만 유명한 빵집이 〈안젤리카(アンゼリカ)〉였다.* 이전까지 가장 좋아하는 빵을 꼽으라면 먹다가 입천장이 까져도 좋은 '명란젓 프랑스(明太子フランス)'였는데, 이곳에서 '카레빵(カレーパン)'을 먹고 반한 이후로 명란 바게트는 전 남친 같은 존재가 되어버렸다. 요즘은 건강 다이어트 열풍으로 '구운 카레빵' 같은 것이 어필하고 있지만, 개인적으로 카레빵은 튀겨야 제 맛이라고 본다. 높은 온도에 섹시하게 그을린 바삭한 겉을 반으로 가르면 안에서 매콤한 카레가 용암

---

* 1967년 개점한 〈안젤리카〉는 2017년 7월말 폐점했다.

분출하듯 솟아나오는 것이 매력이다. 그에 비해 구운 카레빵은 항상 바른 말만 하고 무드라고는 없는 재미없는 남자 같다고나 할까. 구운 카레빵을 보면 이런 말풍선이 떠오른다. '튀기지 않고 구워서 몸에는 좋을지 모르지만 단지 카레가 들어 있을 뿐인 빵입니다.'

약 2년 정도가 지나 오사카에 유학을 오게 되면서 왠지 내 마음에 쏙 드는 섹시한 카레빵을 좀처럼 만나기가 힘들었다. 이 책의 공동 작가이기도 한 지선언니에게 이 사태를 하소연했더니 〈타마키테〉를 추천해주었다. 알고 보니 〈타마키테〉는 교토 우지에 위치한 '전설의 베이커리' 혹은 '서쪽의 빵 성지'로 불리는 빵집이었다. 교토 사람들은 항상 일본식 장아찌에 흰 된장을 사용한 미소국, 담백한 쌀밥만 먹을 것 같은 이미지이지만, 교토는 의외로 빵 소비량이 일본 전국 1, 2위를 다투는 지역이다. 그런 빵순이, 빵돌이가 많은 교토에서 가장 인기 있는 빵집이 바로 〈타마키테〉인 것이다.

이것이 교토 중심부에 있느냐 하면 그 반대이다. 교토 남부 오바쿠역(黃檗駅) 근처에 위치해 있는데, 세계문화유산으로 지정된 뵤도인(平等院)*에서 가깝고 교토대학 우지캠퍼스가 가게 바로 맞은편에 있는 것 빼고는 특별할 것 없는 촌이다(근처에 사시는 분들에게는 미안하지만). 외진 촌에 자리하고 교토역에서 환승해서 25분이나 소요되는 거리의 빵집이 어떻게 일본 전국구의 손님을 끌어들일 수 있는 걸까? 실제로 〈타마키테〉를 방문해서 빵을 먹어보면 아마 납득이 갈 것이다.

---

* 뵤도인(平等院): 일본 교토부 우지시에 있는 불교 사원.

 타마키테

오른쪽에 교토대학 우지캠퍼스 건물이 보일 즈음 왼쪽으로 고개를 돌리면 파란 하늘만큼이나 맑은 파란색 간판에 'たま木亭(타마키테)'라는 글씨가 보인다. 나무로 된 커다란 상자 같은 건물 밖에 긴 행렬이 늘어서 있다. 내리쬐는 햇볕 아래 땀을 흘리거나 차가운 바람에 떠는 기다림의 시간이 지나면 겨우 안으로 들어갈 수 있다. 따뜻한 컨트리풍 느낌을 나무로 모던하게 표현한 내부로 들어서면 높은 천장에 반짝이는 샹들리에, 벽에 장식된 농기구들과 계산대 옆의 길고 커다란 배 모양 진열장이 보인다. 하지만 정말 아침 일찍 가지 않는 이상, 이 모든 것이 오로지 빵을 사겠단 일념으로 이 외진 곳까지 온 많은 손님들에게 가려 잘 보이지 않는 것이 현실이다. 그리고 갓 구워진 빵의 고소한 향에 마음을 빼앗기고 나면, 어느새 트레이가 넘칠 듯 빵을 넣고 홀린 듯 계산대로 향하는 자신을 발견하게 될 것이다.

평범한 것 하나 없는 신선한 빵들

진열대 너머 밀가루를 뒤집어쓰고 일하고 있는 셰프 다마키 준(玉木潤) 씨는 가게를 오픈하고 지금껏 매일 베이스가 되는 대량의 반죽을 혼자서 만들어오고 있다. 그는 자신이 만드는 반죽이 아니면 그건 〈타마키테〉의 빵이 아니라는 신념으로 이제껏 백화점 이벤트나 레스토랑의 납품 권유도 모두 거절해왔다. 이렇게 다마키 씨가 손수 만든 반죽으로 만들어지는 〈타마키테〉의 빵들은 그 종류만 해도 70~90가지로,

타마키테

셰프 다마키 준(玉木潤) 씨가 일하고 있는 모습

기발한 아이디어가 담긴 빵들이 가득하다. 예를 들면, 찹쌀떡을 잘게 잘라 구운 과자인 아라레를 올려 구운 빵, 안에 카스테라를 넣은 빵, 반죽에 호지차를 넣어 만든 빵 등 비주얼만으로도 평범한 것 하나 없다. 그리고 갓 구워진 빵의 신선함을 중요시해 하루 종일 오븐이 쉴 새 없이 돌아가고 계속해서 따뜻한 빵들이 얼굴을 내민다.

바삭한 파이에 크림이 듬뿍 담긴 '쿠냐네(クニャーネ)' 같은 경우 주문을 받고 나면 크림을 채워 최고의 신선함을 추구한다. 가게를 나서자마자 한입 베어 물면 멀리까지 전차를 타고 와 줄까지 서가며 빵을 산 수고를 보상받는 기분이 들 것이다. 그리고 미야자키 토종닭과 유자후추*, 파를 넣은 '미야자키빵(宮崎パン)', 매실장아찌 소스의 '치킨 산도(チキンサンド)', 달콤한 검은콩 조림이 가득 들어 있는 '연유 크림빵(練乳クリームパン)' 등을 보면 일본 특유의 소재를 신선한 발상으로 적극적으로 이용하고 있다. 여행객에게는 더할 나위 없는 현지 맛집이 되지 않을까 생각한다.

여러 빵들 가운데서도 가장 추천하고 싶은 빵은 역시 '카레빵(カレーパン)'이다. 정육점에서 직접 받은 소고기를 큼지막하게 썰어 넣고 오래 끓인 농후한 수제 카레를 듬뿍 넣어 만든 이 빵은, 1인당 개수 제한이 있을 정도로 인기가 많다. 앞서 〈안젤리카〉의 카레빵 이야기를 한 이유는 이곳의 카레빵 맛이 그곳과 가장 흡사했기 때문이다. 카레빵 겉은 바삭바삭하고 안은 부드럽고 쫄깃하다. 빵에 스파이스(スパイス 향신료)가 꽤 들어 있어 반을 가르면 코를 찌르는 향과 뒷맛이 매콤한 카레 그리고 표면의 기름진 정도를 즐길 수가 있다.

나의 전남친 같은 존재 '명란젓 프랑스'도 추천한다. 바로 70년 역사를 가진 후쿠오카의 명란젓 노포 〈후쿠야(ふくや)〉의 명란을 사용한 '하카타(博多)'이다. 다소 부드러운 프랑스빵을 반으로 갈라 버터를 듬뿍 넣고 명란젓을 넘치도록 샌드하고 토핑으로 아라레를 사용했다. 한때 너무 좋아해서 도쿄 어학연수 두 달 동안 매일 먹다시피 한 명란젓 프랑스였는데, 이 빵과 소원해졌던 거리를 다시 좁히고 싶을 만큼 맛이 있었다.

---

* 유자후추(柚子胡椒): 유자 껍질과 고추를 갈아 소금을 더한 규슈 특산 조미료.

타마키테

1. 쿠냐네 クニャーネ
2. 카레빵 カレーパン
3. 호지차빵 ほうじ茶パン
4. 하카타 博多

교토에 디저트 먹으러 갑니다

타마키테

이왕 멀리 온 만큼 유니크한 빵을 경험하고 싶은 여행객에겐 '호지차빵(ほうじ茶パン)'이 제격이다. 교토 우지 출신인 다마키 씨가 우지의 150년 넘은 노포 〈나카무라토키치(中村藤吉本店)〉에서 받는 호지차를 넣어 만든다. 몇 번의 시행착오를 거쳐 밀가루의 맛을 살리는 범위 안에서 호지차를 듬뿍 넣고 반죽해 생지를 만들었고, 씹으면 씹을수록 호지차의 구수한 맛과 풍미가 돋보이는 쫀득한 빵이다. 다크브라운 컬러가 인상적인데 속에 든 것에 따라 두 가지 버전이 있다. 하나는 호지차 생크림에 팥 앙금을 넣은 빵이고, 다른 하나는 커스터드 크림과 검은콩을 듬뿍 넣은 빵이다.

어느 쪽을 더 추천하느냐고? 호지차 생크림을 넣은 쪽은 호지차가 생지와 크림에 더블로 들어가 있어 호지차의 맛과 향이 더 강하다. 앙금은 마치 화과자를 먹는 듯한 느낌을 준다. 커스터드 크림이 든 쪽은 크림 자체는 별로 달지 않지만, 달콤한 검은콩 절임을 잔뜩 넣어서 전체적인 밸런스를 절묘하게 맞추었다. 단점이라면 검은콩이 넘치게 들어 있어서 반으로 가를 때 우수수 떨어질 수 있다는 것 정도랄까. 즉 어느 쪽을 골라도 실망하지 않는다!

특별한 빵을 특별한 공간에서

〈타마키테〉는 '크로와상(クロワッサン)'과 '바게트(バゲット)' 같은 정통 빵들에도 강하다. 일반적인 크로와상이 마냥 부드럽고 달콤한 느낌

1. 크로와상クロワッサン
2. 바게트バゲット

이라면, 이곳의 크로와상은 캄파뉴* 반죽을 더했기 때문에 겉은 단단할 정도로 바삭하면서 안은 쫄깃하게 씹힌다. 언뜻 보기에도 단단해 보이는 크로와상은 계산대 가까운 진열대에 놓여 있으며, 점원이 주문을 받

---

* 캄파뉴(Campagne): 호밀이나 통밀이 들어간 둥근 덩어리 모양의 프랑스 시골풍 빵.

타마키테

고 꺼내주는 식으로 판매된다. 또 다마키 씨는 4년마다 한 번씩 열리는 베이커리 월드컵 '라 쿠프 뒤 몽드 드 라 브랑제리(La Coupe du Monde de la Boulangerie)'에 일본 대표로 출전해 4위를 수상한 경력이 있는데, 그때 담당했던 것이 바게트 부문이었다. 이것만으로도 이곳의 바게트를 먹어야 될 이유는 충분하다고 본다. 네 종류의 밀가루와 천연효모로 만드는 바게트는 폭이 넓고 뾰족한 모양으로 크럼(Crum 빵의 안쪽 부분)의 단맛과 코를 빠져나가는 발효향의 밸런스가 아주 좋다. 더 놀라운 건 보다 좋은 맛을 위해 바게트를 끊임없이 개량 중이라는 점이다.

〈타마키테〉 내에 따로 먹을 수 있는 공간은 없지만 우리에겐 맞은편 교토대학 우지캠퍼스의 너른 잔디밭이 있다. 녹색 캠퍼스에 앉아서 빵을 한입 베어 물고 시판 밀크티를 한 모금 마시면 왠지 자유로운 대학 시절로 돌아간 기분을 누리게 된다. 물론 나의 경우 만 두 살짜리 아들이 다른 아이들의 공을 빼앗아 놀려고 하는 걸 말리느라 자유로운 캠퍼스 기분은 단 몇 초도 지속되지 않았지만 말이다.

르 쁘 치 멕

교토 안의 작은 프랑스

"선생님, 가장 맛있는 바게트 집이 어디예요?"

츠지제과학교의 수업은 크게 '양과자, 화과자, 제빵'의 세 부문으로 나눠져 있고, 각각 이론수업과 실습수업이 있다. 그중에서도 양과자 부문의 수업시간이 가장 많았는데, 가장 많은 비중을 차지하는 양과자 실습시간은 나를 비롯한 학생들에게 두려움의 시간이었다. 이론수업 때는 온화하게 수업을 진행하던 선생님들이 실습실에만 들어오면 담임이었던 모리 선생님을 비롯해 하나같이 180도 달라졌는데, 험하게 찌푸린 인상과 '어디 한번만 걸려봐라' 하는 눈빛으로 학생들 하나하나의 행동을 지적하며, 작은 실수 하나 용납하지 않았다. 그러다 보니 아프다는 핑계로 수업에 안 들어오는 아이도 꽤 있었고, 심지어 실습시간 도중에 울거나 쓰러지는 아이도 있었다. 나 역시 호기심과 불타는 열정을 가지고 시작했던 수업이었음에도 불구하고, 어느덧 실습이 있는 날은 마치 도살장에 끌려가는 소가 된 양 마지못해 들어갈 정도였다.

이에 반해 화과자와 제빵의 실습시간은 양과자 실습시간과 비교한다면 마치 백화점 문화센터의 문화강좌처럼 느껴질 정도로 화기애애했다. 매 수업마다 재미있는 화과자가 등장했고, 제빵시간엔 만드는 것이 서툴러도 선생님이 옆에 와서 다정하고 꼼꼼하게 설명해주셨다. 아사다 선생님은 버터 롤빵이 같은 간격으로 잘 말아지지 않아 애를 먹던 내게 웃으면서 몇 번이나 반복해서 알려주셨고, 이토 선생님은 인자한 웃음과 말투로 청소까지 손수 도와주셨다. 특히 제빵 이론수업에도 자주 들어오시던 이토 선생님은 수업시간에 열심히 빵을 만들면서 멋진 목소리로 그동안의 경험담이나 살아가는 이야기를 들려주셨는데, 특히 빵 맛집을 돌아다닌 후기를 자주 들려주셨다.

하루는 쉬는 시간에 선생님께 간사이*에서 선생님이 가장 맛있게 드신 바게트를 파는 빵집은 어디인지를 여쭤보았다. 그러자 "어려운 질문인데…"라며 얼마간 고민하던 선생님으로부터 〈르쁘치멕〉이라는 대답이 돌아왔다.

"오사카의 〈루 슈쿠레쿠루〉, 교토의 〈타마키테〉도 바게트를 이야기하면 빠지지 않는 멋진 곳이지만, 나는 〈르쁘치멕〉의 초창기부터 바게트를 먹어와서 그런지 그곳의 바게트를 좋아하지. 아 참, 그리고 크로와상도!"

그러고는 〈르쁘치멕〉의 오너 셰프인 니시야마 씨의 이야기도 들려주셨는데, 그 이야기가 아직도 기억에 선명하다.

<hr>

교토 소년, 프랑스를 일본에 옮겨 심다

'Le Petit Mec(르쁘치멕)'이라는 간판과 화려한 빨간색이 돋보이는

---

* 간사이(關西): 교토와 오사카를 중심으로 한 일본의 관서 지방.

외관의 가게로 들어서면, 마치 프랑스의 비스트로*에 온 것 같은 느낌이 들 것이다. 프랑스 배우들의 얼굴이 담긴 포스터하며, 검은 칠판에 쓰여 있는 프랑스어 빵 메뉴, 매장 전체에 배경음악처럼 울려 퍼지는 빠른 말투의 프랑스어 라디오 방송, 프랑스 약국의 약사가 입는 하얀 가운 같은 스태프들의 유니폼까지. 벽에는 프랑스어와 영어로 쓰인 사인과 메시지 같은 글들이 가득하다. 게다가 손님의 반 정도가 노란 머리에 파란 눈을 한 외국인일 때가 많아, 이곳이 진정 일본인가 하는 생각마저 든다. 매장 안쪽에 빨간 체크무늬 식탁보를 걸친 테이블석이 18석 있어 빵을 먹고 갈 수 있지만, 항상 많은 손님들로 붐비기 때문에 자리를 차지하기란 여간 쉬운 일이 아니다.

이곳의 오너 셰프 니시야마 이쓰나리(西山逸成) 씨는 교토 출신으로, 서른 살에 〈르쁘치멕〉을 오픈했다. 어릴 적 이브 몽땅 주연의 「갸르송」이라는 프랑스 영화를 보고 무작정 요리사가 되고 싶어졌고, 셰프가 되고 싶다는 생각으로 츠지조리학교를 졸업한 후, 교토의 한 빵집에 취직을 하게 된다. 그러나 빵 만들기에는 도무지 소질이 없어서 몇 년이 지나도록 제대로 된 빵 모양조차 만들지 못했고, 머릿속은 온통 어릴 때부터 동경하던 프랑스에 가서 요리를 배우고 싶다는 생각뿐이었다. 우여곡절 끝에 프랑스로 건너가 요리를 배워 돌아온 그는 과감하게 전액 빚을 내서 프랑스 요리가 아닌 프랑스 빵집을 오픈한다. 그것이 1998년의 일이다.

---

* 비스트로(Bistro): 와인과 음식을 파는 작은 카페 또는 술집.

르쁘치멕

처음 오픈하고 3년간은 아침에 진열한 빵이 저녁 폐점시간까지 그대로 남아 있는 날이 비일비재했다. 교토와는 어울리지 않는 듯한 외관으로 지나가는 이들의 눈길을 끌기는 했지만, 어두컴컴한 실내를 보고 누구도 쉽게 들어오지 못한 것 같다. 설사 몇몇 손님이 들어왔다 하더라도 왜 이 빵집은 메론빵과 단팥빵이 없느냐고 불만만 늘어놓기 일쑤였다. 그래서 그가 생각한 것이 카드에 프랑스어와 일본어로 빵에 대한 설명을 길고 자세히 써놓는 것이었다. 어쩌다 발길을 들여놓은 사람들이 그 네임카드를 읽느라 가게에 오랜 시간 머물러주면, 다른 손님이 한 명이라도 더 가게에 들어와주지 않을까 하는 생각으로 시작했던 일이다. 지금이야 일본의 많은 빵집에서 네임카드에 빵에 대한 설명을 조목조목 써놓지만 당시에는 드문 일이었다.

또한 열심히 빵을 만들어놓아도 남아서 버리는 빵이 많으니 조금이라도 원가를 줄이기 위해 바게트와 캄파뉴 등 하드 계열의 빵을 메인 상품으로 만들었다. 그리고 당시에는 드문 저온 장시간 발효법을 독학으로 시행착오를 거쳐 시작하였다. 그러던 당시 「카사 브루타스」라는 인기 잡지의 기획 취재에서 프랑스 신문 「피가로」의 기자이자 독설가로 불리는 미식가 프랑소와 시몬(François Simon)이 당시 일본의 내로라하던 인기 빵집들의 바게트를 먹고는 악평을 쏟아놓았지만 이곳의 바게트에 대해서만은 칭찬을 아끼지 않았고, 이것을 계기로 전국적으로 주목을 받기 시작한 〈르쁘치멕〉은 순식간에 인기 빵집으로 거듭나게 되었다. 그가 4년간 목숨을 걸고 24시간 빵에 쏟은 노력이 그제야 빛을 발한 것이다.

처음 빵집을 연 1998년에서 19년이 지난 2017년, 그는 교토에 이마데가와점을 비롯한 네 개의 점포를 가지고 있고, 도쿄에도 진출하여 〈르쁘치멕 도쿄(Le Petit Mec TOKYO)〉 등의 점포도 오픈하였다. 특히 여기에서 소개한 이마데가와점은 일본 맛집 정보 사이트인 타베로그에서 〈타마키테〉와 1, 2위를 다투고 있는 그야말로 초인기 빵집이다. 소위 '아카멕(赤メック 빨간 멕)'이라고 불리는 이곳은 프랑스의 분위기를 한껏 살려놓은 내부에 바게트, 크로와상, 호밀빵, 캄파뉴 등 하드 계열 빵이 가장 많이 진열되어 있고, 표면에 반짝반짝 빛이 나는 타르트도 8종 이상이 진열되어 있는데 계절에 따라 그 종류가 바뀐다. 그리고 같은 업종에서 일하는 사람으로서는 부럽게도 휴일이 영업일보다 많은 탓에 이곳의 빵을 맛볼 수 있는 날은 금, 토, 일 그리고 공휴일뿐이다.

극찬을 받은 바게트와 특별한 크로와상들

운 좋게 이곳을 방문하는 데 성공했다면, 이곳에서 반드시 먹어야 할 것은 프랑소와 시몬에게 극찬을 받고 이토 선생님도 좋아하시는 바게트와 크로와상이다. 이마데가와점에서 판매되고 있는 바게트는 빵 반죽을 48시간 저온발효해서 만든 '바게트'와 '바게트 류스티쿠(Baguette Rustique)', '바타루(Bâtard)' 등이 있다. 셋 다 빵 반죽의 양은 350그램으로 동일하나 각기 모양을 달리해 맛과 식감에 차이를 두었다. 이곳의 바게트는 다른 빵집에 비해 길이가 길고 가는 편인데, 치아나 턱관절이

바게트(이마데가와점)

안 좋은 사람은 먹기 힘들 정도로 겉이 단단하고 안은 가벼운 느낌으로, 기포가 크고 촉촉하며 쫄깃하다. 낮은 온도에서 오랜 시간 발효해서 구워냈기 때문에 씹으면 씹을수록 밀가루의 구수한 풍미와 담백한 단맛이 느껴지는 중독적인 매력이 있다.

그리고 크로와상은 기본 크로와상인 '크로와상 오 베르(Croissant au Buerre)'와 크림이 든 '크로와상 아 라 크레므(Croissant à la Crème)'가 있는데, 모두 진한 아메리카노와 환상의 궁합을 자랑한다. 기본 크로와상의 겉은 바삭바삭, 안은 폭신폭신하며, 씹을수록 진한 버터의 풍미가 입안으로 퍼지고 부드럽고 은은한 달콤함이 느껴진다. 여기에 바닐라

1. 크로와상 아 라 크레므
   Croissant à la Crème (이마데가와점)

2. 서양배 크림 산도 洋ナシのクリームサンド (오이케점)

3. 훈제 연어와 아보카도의 타르타르 산도
   スモークサーモンとアボカドのタルタルサンド (오이케점)

4. 파테* 도 캄파뉴 パテドカンパーニュ (오이케점)

5. 로스트비프와 블루치즈
   ローストビーフと青かびチーズ (오이케점)

---

* 파테(Pâté): 고기나 생선을 잘게 다져 페이스트 형태로
  반죽한 프랑스 요리.

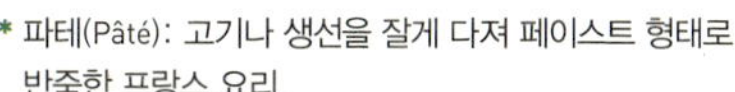

빈이 듬뿍 들어간 커스터드 크림과 생크림을 휘핑한 크림을 빵 가운데 샌드한 것이 '크로와상 아 라 크레므'이다. 진주를 품은 조개 같은 형상에 표면을 하얀 눈이 쌓인 듯 슈거 파우더로 장식했다. 마치 진한 크림이 가득 담긴 부드러운 슈크림을 먹는 것 같아, 한입만 먹어도 기분이 좋아진다.

그리고 최근에 나온 아몬드 크림 크로와상에 커피와 헤이즐넛이 들어간 '커피와 헤이즐넛의 크로와상(コーヒーとヘーゼルナッツのクロワッサン)'도 인기이다. 크로와상에 커피맛이 나는 아몬드 크림을 채워 넣고, 위에도 같은 크림으로 이중으로 덮어 헤이즐넛을 빵이 보이지 않을 정도로 듬뿍 토핑해서 구운 빵으로, 납작한 모양이다. 바깥의 아몬드 커피 크림은 바삭하고 안의 크림은 부드러워 대조되는 식감도 재미있고, 헤이즐넛향과 커피맛이 나는 달콤한 아몬드 크림과 크로와상의 조화가 환상적이다. 다만, 커피가 들어갔음에도 불구하고 전체적으로 꽤나 달기 때문에 달콤한 것을 싫어하는 분들에게는 호불호가 갈릴 수 있을 듯하다.

마음에 남는 빵과 사람들

〈르쁘치멕〉을 오픈한 지 20년이 다 되어가는 지금 니시야마 씨는 이제 빵 장인으로서보다는 경영인으로서의 역할에 더 충실하고 있다. 100점 만점의 빵을 만드는 것보다 80점짜리 빵을 만들더라도 자신의 가게에서 일해주는 한 사람 한 사람이 '이곳에서 일해서 기쁘다'라고

커피와 헤이즐넛의 크로와상
コーヒーとヘーゼルナッツのクロワッサン

유자와 밤의 빵ゆずと栗のパン

호밀을 넣어 반죽한 세이글 생지에 시럽에
절인 밤과 유자 필을 넣어서 구운 빵. 유자의
상큼함이 은은히 느껴지면서도, 깊고 고소한
호밀의 맛까지 놓치지 않은 절묘한 배합. 큼
지막한 밤이 인심 좋게 들어가 있어 만족도
100퍼센트!

블루치즈와 셀러리의 샌드위치
青カビチーズとセロリのサンドイッチ

호두가 콕콕 박혀 있는 씹는 맛이 좋은 하
드빵에 프랑스산 블루치즈인 푸름 당베르
(Fourme d'Ambert)를 큐브 모양으로 썰어
넣고 셀러리를 샌드한 빵. 블루치즈 특유의
냄새가 진하지 않아 부담 없이 먹을 수 있으
며, 은은한 화이트 와인향도 나고, 짭조름한
치즈와 사각사각 식감이 살아 있는 셀러리의
조화가 환상적이다.

생각하는 환경을 만드는 것이 자신의 일이라 말하는 그의 인터뷰를 잡지에서 본 적이 있다. 내가 오너가 아닌 직원의 입장에서 일해서인지는 모르겠지만, 그 인터뷰 내용에 굉장히 감동받았다. 그리고 그 이후 더욱더 〈르쁘치멕〉의 팬이 되었다. 다만, 먹을 때마다 '이게 80점이라면 100점 만점 빵은 대체 어떤 맛이라는 거지?'라는 의문은 든다. 이토 선생님에게 추천받은 빵집은 이곳 외에도 바게트와 하드빵이 맛있는 고베의 〈사마슈(Ca Marche)〉와 오사카에서는 드물게 독일빵을 파는 〈키르슈브류테(キルシュブリューテ)〉 등 몇 군데가 더 있었지만, 역시 이곳이 맛이건 분위기이건 오너의 경영 철학이건 가장 기억에 남는다.

2월에 있던 마지막 시험을 끝으로 무사히 1년간의 수업이 종료되었다. 3월 오사카성 홀에서의 졸업식이 끝나고 반별로 기념사진을 찍은 후 선생님들의 배웅을 받았다. 항상 흰 조리복을 입고 계시던 선생님들이 양복을 빼입고 2열로 늘어서서 마지막 인사를 건네는데 그중 이토 선생님의 모습도 보였다. 나는 가벼운 목례와 함께 "그동안 감사했습니다"라는 말을 전했고 그는 "1년 동안 고생 많았어~ 앞으로도 화이팅!"이라는 격려의 말과 함께 악수를 청해주셨다. 졸업식 내내 아무렇지도 않았는데 갑자기 눈물이 핑 돌 뻔했다. 이상하게도 담임인 모리 선생님과 헤어지는 것보다 이토 선생님과 헤어지는 것이 더 아쉽게 느껴졌다.

르쁘치멕 이마데가와점
Le Petit Mec IMADEGAWA

add	京都府京都市上京区今出川通大宮西入ル元北小路町159番地大晋メゾネ西陣今出川 1F
way to	지하철 가라스마선(烏丸線) 이마데가와역(今出川駅)에서 도보, 버스로 9분. 이마데가와역 6번 출구로 나와 교토시 버스(京都市バス) 51, 59, 203번 중 하나를 타고 이마데가와오미야(今出川大宮) 정류장에 내려 건너편으로 길을 건너고 타던 버스의 진행 방향으로 100미터 직진하면 오른쪽에 보인다.
tel	075-432-1444
time	08:00〜18:00
closing day	월〜목요일(공휴일의 경우 영업함)
homepage	http://lepetitmec.com/

르쁘치멕 오이케점
Le Petit Mec OIKE

add	京都府京都市中京区御池衣棚通上ル下妙覚寺町186番地ビスカリア光樹 1F
way to	지하철 가라스마선(烏丸線) 또는 도자이선(東西線)의 가라스마오이케역(烏丸御池駅) 2번 출구에서 도보 3분. 가라스마오이케역 2번 출구로 나와서 직진해 3번째 골목인 고로모타나도오리(衣棚通)로 우회전하고, 30미터 가면 왼쪽에 위치해 있다(점포가 안쪽으로 들어가 있고 앞에 차가 주차되어 있는 경우 잘 보이지 않기 때문에 주의해서 살펴봐야 보인다).
tel	075-212-7735
time	09:00〜18:00

chapter.3

아련한 추억의 빵이
핫트렌드로, 콧페빵

京都のスイーツ&パン

느지막한 오후, 엄마가 빵을 먹으며 말했다.

"옛날에 내가 초등학교에 다닐 때 급식처럼 나눠주던 빵이 있었는데, 그게 참 맛있었어."

"무슨 빵이었는데? 뭐가 들었어?"

"아니, 아무것도 든 건 없었는데 노르스름하게 생겨서… 그게 그렇게 맛있어서 서로 하나라도 더 먹으려고 난리였지. 아껴 먹는다고 집에 가져가고."

"맛있었는데 기억이 안 나?"

"응, 요즘 빵집에서는 본 적도 없어. 사실 맛도 잘 기억 안 나. 그냥 맛있었다는 막연한 기억뿐이야. 그거 나눠주는 당번을 하면 하나를 더 먹을 수 있었거든. 그래서 다들 당번을 하겠다고 난리였어."

"하하하."

엄마는 왕년에 빵집을 하고 싶다는 꿈을 가졌을 정도로 빵을 좋아하는 '빵순이'였다. 빵순이가 좋아했던 빵이라기에 이름이라도 알고 싶어 인터넷으로 검색해보니, '옥수수빵'이라는 빵이 나왔다. 엄마가 말한 학교에서 나눠주던 노르스름한 빵의 정체는 옥수수빵이었던 것이다.

이런 60~70년대의 한국과 비슷하게 일본에도 전후 식량난을 겪을 때 미국에서 원조해준 밀가루와 탈지분유를 소비하기 위해 급식에 나왔던 빵이 있었다고 한다. 그것이 바로 '콧페빵(コッペパン)'이다. 콧페빵은 '자르다'라는 의미의 쿠페(coupé)에서 온 단어로, 칼집을 넣어 구운 프랑스빵처럼 럭비공 모양을 하고 있지만 설탕과 유지가 많이 들어간 과자빵에 가깝다. 우리네 옥수수빵은 지금 자취를 감추었지만, 일본의 콧페빵은 옛 시대의 이미지를 벗고 도쿄와 오사카 등 여러 지역에 전문점이 생겨나는 등 새로운 빵의 한 장르로 부활하고 있어 주목된다.

마루키세팡조

まるき製パン所 

추억을 소환시키는 마력의 No.1 콧페빵

올해로 창업 71주년을 맞이하는 〈마루키세팡조〉는 교토 사람들의 소
울 푸드 콧페빵이 있는 곳이다. 두부 가게, 채소 가게, 계란 가게가 늘어
선 마쓰바라(松原) 상점가의 한편에 위치한 오래된 빵집. 글씨가 많이
지워진 낡고 귀여운 목제 간판이 오랜 시간 한결같이 사랑받아온 빵집
이라는 사실을 말해주는 듯하다. 이곳은 1947년 부인 사치코(幸子) 씨
의 아버지가 창업한 가게로, 그녀의 어릴 적 친구이자 지금의 남편인
기모토 히로시(木元広司) 씨가 1971년부터 대를 이어 운영하고 있는 곳
이다. 히로시 씨 역시 어릴 적부터 어머니가 〈마루키세팡조〉에서 사온
빵을 먹고 자랐는데, 자신이 이 일을 하게 될 것이라고 당시에는 생각
지도 못했다고 한다.

이곳은 콧페빵(롤빵), 과자빵, 하드빵 이렇게 세 종류로 나눠서 옛날
부터 내려온 방식 그대로 빵을 만들고 있다. 빵의 디스플레이도 이를
말해주듯 요즘의 세련된 다른 빵집들과 달리 수수한 삼단 목제 진열대
에 다양한 종류의 빵이 빼곡히 진열되어 있다. 그리고 아침부터 활기차
고 푸근한 아주머니 판매 직원들과 삼각 두건을 쓰고 앞치마를 두른 작
업장의 아주머니들이 바쁘게 몸을 놀리고 있는 모습이 보인다. 아침 일
찍부터 저녁까지 시간대를 불문하고 끊이지 않는 손님들을 살갑게 맞

이하는 아주머니들이다. 도심의 백화점에 옷을 사러 가면 간드러지는 목소리로 "이랏샤이마세(いらっしゃいませ)~"하고 눈웃음을 치는 젊은 판매 사원들과는 확연히 다른 느낌이다.

특별한 문도 벽도 없이 달콤한 빵 냄새가 눈에 보이지 않는 따스한 공기층을 이루고 있는 가게의 경계 안으로 들어서면 한순간 나도 이곳 주민이 되어 "아주머니, 오늘은 고로케 산도랑 카레빵 하나요"라고 말할 것만 같다. 60종이나 되는 빵의 종류 또한 "초코 크림 콧페빵은 없어요?" 같은 근처 여학생들의 요청대로 빵을 만들어주다 보니 지금처럼 많아졌다고 한다. 이게 바로 손님의 의견을 적극 반영해주는 동네 빵집의 유연성이 아닐까. 이렇게 유연한 콧페빵은 보송보송 부드럽고 가벼운 식감에 은은한 단맛이 있어 어떤 재료와도 어울리며 밀가루의 구수함과 따뜻함이 느껴진다. 가늘고 긴 형태라 손에 잡고 먹기 편한 것도 특징이다. 이 콧페빵은 이곳에서 '로루팡(롤빵)'으로 불리는데 이름마저도 울림이 정겹다. 이 로루팡 안에 햄을 넣으면 햄롤(ハムロール), 포테이토 샐러드를 넣으면 샐러드롤(サラダロール), 오믈렛을 넣으면 오믈렛롤(オムレツロール)이 되는 식이다.

이 중에서도 간판 메뉴로 가장 인기 있는 것은 콧페빵에 햄과 양배추를 샌드한 '햄롤(ハムロール)'이다. 짭조름한 로스햄 위에 사각사각 양배추 그리고 마요네즈를 아주 얇게 발라내 담백하고 신선하다. 안의 재료 맛이 강하지 않기 때문에 콧페빵 자체의 가볍고 부드러운 맛을 더 잘 느낄 수가 있다. 한입 베어 물면 요즘 젊은이에게는 없는 추억마저 불러일으킬 만한 마력의 'No.1 콧페빵'이다.

1. 탱글새우카츠롤エビプリカツロール
2. 샐러드롤サラダロール
3. 햄롤ハムロール
4. 앙빵あんパン
5. 뉴바도ニューバード

교토에 디저트 먹으러 갑니다

ハムロール 170円
カツロール 220円
コロッケロール 220円
サラダロール 220円
オムレツロール 220円
ウインナードッグ 220円
フィッシュバーガー 250円
エビプリカツロール 260円
あんぱん 150円
クリームぱん 140円
チョコレート 140円
ジャムぱん 140円
ピーナツクリーム 140円
ミルクアーモンド 140円
Maruki-seipanjyo
since 1947

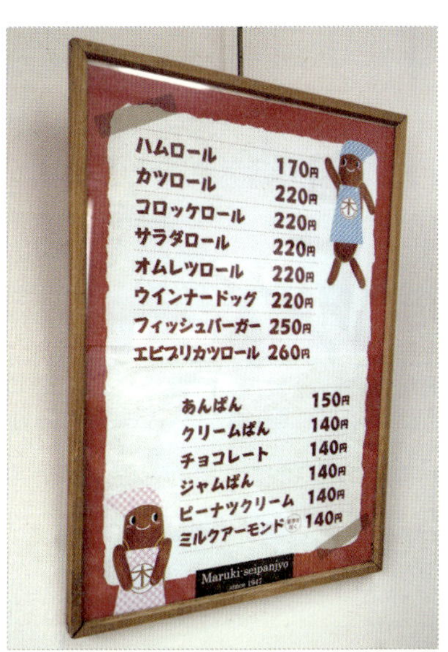

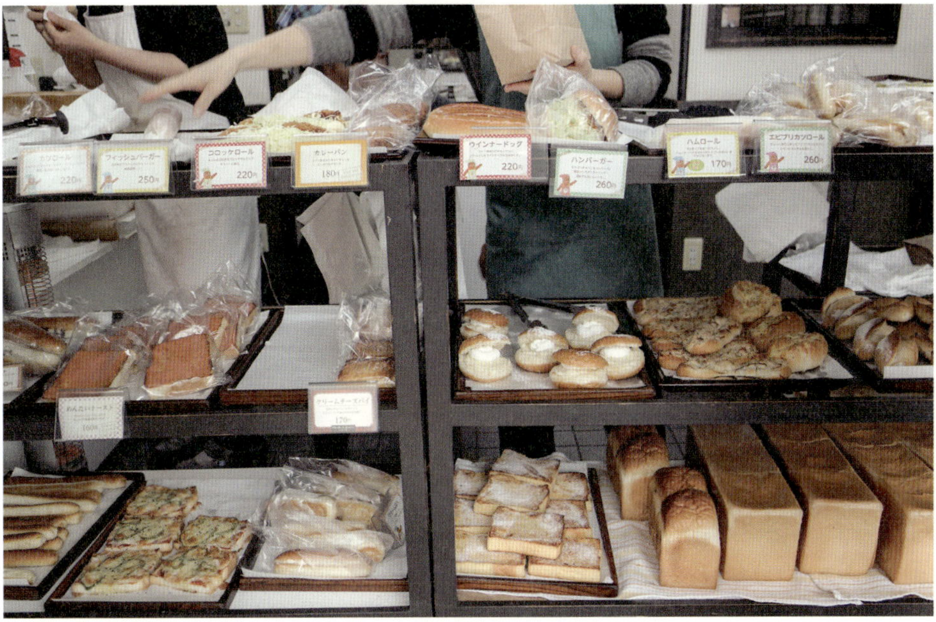
カツロール 220円
フィッシュバーガー 250円
コロッケロール 220円
カレーパン 180円
ウインナードッグ 220円
ハンバーガー 260円
ハムロール 170円
エビプリカツロール 260円
クリームチーズパイ 170円

대야 속 노랗고 폭신폭신한 빵의 추억

참고로 나는 부산에서 태어나고 자랐는데, 어린 시절 부전시장에서 타월집을 운영하던 외할머니 댁에 자주 맡겨졌었다. 장사를 마친 할머니 손을 잡고 집으로 돌아올 때면 거의 매일 역 근처에 동그랗고 큰 다라이(일본어이지만 외할머니는 '대야'를 이렇게 부르시곤 했다)에 김이 모락모락 나는 따끈따끈한 빵을 파시는 분이 있었다. 커다란 강낭콩이 박혀 있고 노르스름하고 부드러운 찐빵 같은 느낌의 빵이 단돈 500원이었는데, 외할머니가 곧잘 사주셔서 따끈한 빵을 넣은 까만 봉지를 소중하게 들고 집으로 갔던 기억이 있다. 요즘은 세련된 인테리어에 넓고 쾌적한 유명 베이커리들이 많다. 하지만 단돈 500원에 산 빵을 먹을 생각에 가슴이 벅차고 발걸음이 가볍던 시절, 지금은 먹고 싶어도 사먹을 수 없는 그 다라이 속의 커다랗고 폭신폭신하던 빵이 생각날 때가 있다.

〈마루키세팡조〉는 단순히 교토의 옛날 빵집 모습을 간직한 것뿐 아니라, 착한 가격에 살가운 아주머니들의 서비스, 맛있는 빵까지 모든 것이 어우러져 그때 그 시절을 떠올리게 한다. 애초에 일본인도 아니고 콧페빵의 시절을 겪어보지도 않았지만, 옛 추억을 찾아 이 빵집을 찾아오는 많은 손님들이 저마다의 손에 그 시절 콧페빵을 들고 가는 모습은 왠지 모르게 정겹게 느껴진다. 옛 향수를 불러일으키는 복고풍 빵집인 이곳이 오래도록 이 자리에서 변함없이 콧페빵의 추억을 지켜주기를 바란다. 그건 그렇고, 그 맛있다는 부모님 세대의 옥수수빵은 언제쯤 돌아올까? 돌아온다면 어떤 모습일까?

ABOUT STORE

add 京都府京都市下京区松原通堀川西入北門前町740

way to 한큐열차(阪急電鉄) 교토본선(京都本線) 오미야역(大宮駅) 2A 출구에서 도보 7분. 2A 출구로 나와 구로몬도오리(黒門通)로 500미터 정도 직진하고, 막다른 골목에서 좌회전해서 30미터 가면 왼쪽에 보인다.

tel 075-821-9683

time 월~토요일 06:30~20:00
일요일, 공휴일 07:00~14:00

르쁘치멕 오마케점

프랑스 빵집에서 만들어내는 특별한 콧페빵

빵 공장에서 갓 나온 빵을 먹는 행운

앞서 소개한 〈르쁘치멕〉의 공방에 약간의 판매대를 더한 것이 2015년 오픈한 통칭 '시로멕(白メック 하얀 멕)', 오마케점이다. '오마케(おまけ)'는 일본어로 '덤'이라는 뜻인데, 정말 빵 공장에 덤처럼 판매대가 딸려 있는 모양새이다. 어른 두 사람이 들어서면 꽉 차는 좁은 공간에 판매 점원은 딱 한 명이다. 더구나 이곳에선 콧페빵을 판매한다. 콧대 높은 프랑스 빵집에서 콧페빵을 판다는 건 '저명한 프렌치 레스토랑에서 오니기리* 전문점을 내겠다'는 것이나 '샤넬에서 스파 브랜드를 론칭하겠다'는 것처럼 파격적인 일이다. 언젠가 잡지에서 본 오너 셰프의 인터뷰에는 "슈퍼도 하고 싶고, 호텔도 하고 싶다"는 내용이 있었는데, 그런 그의 시도가 어디까지 이어질지 궁금하다.

오마케점의 10여 종의 콧페빵 중 인기 제품을 꼽아보자면, 콧페빵하면 빼놓을 수 없는 '야키소바**빵(焼きそばパン)'과 엄청난 볼륨으로 남자 손님들에게 절대적인 지지를 받고 있는 '카츠산도(カツサンド)', 반대로

---

* 오니기리(おにぎり): 양념을 하거나 재료를 넣은 밥을 삼각형이나 구형 등으로 만든 음식. 대개 손바닥에 올릴 수 있을 정도의 크기이다.

** 야키소바(やきそば): 삶은 중화면을 양파, 콩나물, 양배추 등의 채소와 돼지고기 같은 육류와 같이 볶고 양념해 만든 국수 요리.

르쁘치멕 오마케점

야키소바 소스의 대명사 오타후쿠 소스와 우스타 소스를 섞어 만든 소
스를 사용해 돼지고기와 양배추를 넣고 스팀오븐에서 구운 야키소바와
매실초에 절인 생강채를 샌드한 빵. 달콤 짭조름한 야키소바와 담백한
빵의 조합이 한 끼 식사로도 손색없는 볼륨을 자랑한다.

카츠산도カツサンド

남자 손님들에게 인기가 많은 카츠산도. 소금에 절인 돼지고
기 로스를 부드럽고 육즙이 살아 있게 튀긴 후 두툼하게 썰
어. 레몬즙을 넣은 달콤한 케첩에 버무린 양배추 채 위에 얹
었다. 실물이 더 임팩트 있다.

럼레이즌 연유 크림ラームレーズン入り練乳クリーム

여자 손님들에게 인기가 많은 럼레이즌 연유 크림 콧페빵.
럼레이즌과 연유의 참신한 조합으로 달콤한 밀크맛 크림과
럼주향이 조화를 이루는, 마음에 쏙 드는 콧페빵.

초코 바나나 チョコバナナ

콧페빵 안에 순동물성 생크림과 커스터드 크림, 자른 바나나를 넣고, 제대로 된 커버추어 초콜릿 (Chocolate couverture 카카오버터 함량이 높아 진한 맛의 초콜릿)을 뿌렸다. 쌉쌀함이 느껴지는 초콜릿과 신선한 바나나의 조합에 가벼운 식감의 빵까지 완벽한 하모니.

2종 치즈를 넣은 빵 2種のチーズパン

부드러운 반죽에 체다 치즈와 모차렐라 치즈를 큐브 형태로 가득 채워 구웠다. 뜨끈뜨끈한 빵과 입에 넣자마자 녹아내리는 치즈의 조합은 더 이상 말이 필요 없다.

여자 손님들이 당연한 듯 쟁반에 놓고 본다는 럼주에 절인 건포도가 들어 있는 '럼레이즌 연유 크림(ラームレーズン入り練乳クリーム)', 크림과 앙금의 조합 '츠부앙 크림(粒あんクリーム)', 바나나와 크림이 샌드된 콧페빵 위로 초코가 뿌려진 '초코 바나나(チョコ バナナ)' 등이 있다. 복고 패션의 유행처럼 다시 돌아온 요즘 콧페빵이 폭신폭신하고 달달한 편인데 비해, 이곳의 콧페빵은 어느 정도 탄력 있는 식빵 생지로 만들어 담백하며, 안에 들어가는 소재에 따라 빵의 두께를 달리하고 있다. 길이는 25센티미터 정도로 길어 바게트를 연상시키며, 먹음직스러운 진한 갈색으로 구워진 빵 표면의 윤기는 보는 이들로 하여금 식욕을 주체할 수 없게 만든다.

탐나는 콧페빵을 쟁반에 담고 있노라면 공장에선 계속해서 갓 구워

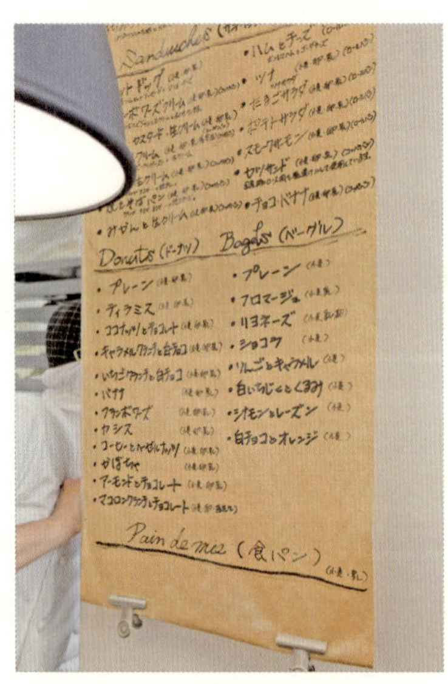

진 빵들이 나와 이마데가와점이나 오이케점으로 나갈 준비를 하는 모습이 보인다. 그중 일부는 계산대 옆의 작은 테이블에 진열되는데, 바로 이것이 오마케점을 찾은 이만이 맛볼 수 있는 특권이다. 어느 날은 갓 나와 치즈가 흘러내릴 정도로 뜨끈뜨끈한 '2종 치즈를 넣은 빵(2種のチーズパン)'을, 또 어느 날은 교토 가츠라의 노포 화과자집에서 만든 츠부앙이 든 갓 구운 단팥빵을 먹는 행운을 얻을 수 있다. 내 경우, 갓 구운 단팥빵은 학교에서 실습할 때 먹어보고는 처음이었는데, 역시 내가 만든 단팥빵과는 차원이 다른 기품 있고 기분 좋은 맛이었다.

모처럼 빵 공장에 왔으니 갓 구운 빵을 맛봐야 하는 것은 당연하고, 갓 구운 빵은 가게 문을 나서자마자 먹어주는 것이 예의이다. 고맙게도 오마케점 앞에는 작은 벤치가 놓여 있다는 소소한 팁을 수줍게 알려드린다.

ABOUT STORE

add 京都府京都市中京区池須町418-1 キョーワビル 1F

way to 지하철 가라스마선(烏丸線) 시조역(四条駅) 25번 출구에서 도보 5분. 시조역 25번 출구로 나와서 오미야역(大宮駅) 방면으로 300미터 정도 걸어가면 Tully's Coffee를 지나 왼쪽에 와카나야(若菜屋)라는 화과자집이 보이는데, 그곳에서 큰길 건너편으로 길을 건너 니시노토인도오리(西洞院通)로 들어가서 다시 300미터 정도 직진하면 오른편에 보인다.

tel 075-255-1187

time 09:00~18:00

homepage http://lepetitmec.com

chapter.4
전통과 새로움의 맛있는
변주, 퓨전 화과자
京都のスイーツ＆パン

요즘 대부분의 일본 젊은이들은 인기 파티스리(Pâtisserie 양과자점)의 한정 케이크를 먹기 위해 몇 시간이고 줄 서기를 마다하지 않는 반면, 옛날부터 내려오는 전통 화과자에는 눈길도 주지 않는다. 사정이 이렇다 보니 화과자와 멀어져가는 현상을 가리키는 '와가시바나레(和菓子離れ)'라고 하는 말까지 생겼다. 화려하고 다양한 양과자가 점차 입지를 넓혀가며 화과자가 설 자리는 갈수록 줄어들기만 했다.

이에 많은 화과자집들은 전통을 지키고 이어나가기 위해 소비자의 폭을 넓힐 필요가 있었다. 그 답을 라이벌이기도 했던 양과자에서 찾은 가게들이 있다. 처음에는 고집 있는 화과자 장인과 의견 충돌을 일으키며 많은 시행착오를 겪었다고 하지만, 그 결과 젊은 여성 고객들의 마음을 사로잡고 바닥을 치던 불황을 이겨냈으며, 화과자의 장래에 대한 새로운 길을 열었다.

전통을 고집하던 200년 훌쩍 넘는 노포 화과자점이 경영난을 겪으며 양과자라는 새로운 분야에서 해답을 찾고, 전통을 가치 있는 변화로 탈바꿈시켜 인기 가게로 거듭나게 된 이야기는 바로 지금부터 소개할 가게 중 하나인 〈카메야 요시나가〉의 실제 이야기이다.

이렇게 화과자와 양과자를 접목시킨 것을 일본에서 '와요가시(和洋菓子)'라고 부르는데, 노포 화과자 가게가 많은 교토에서 화과자와 더불어 특히 눈에 띄는 분야가 바로 이 와요가시이다. 이번 장에서는 와요가시에서 정점을 찍는 주옥같은 가게들을 소개하려 한다.

전통적인 도시로 대표되는 교토의 새로운 움직임을 실시간으로 혀끝에서 느껴보자.

　　　전통과 새로움의 맛있는 변주, 퓨전 화과자

만드는 신감각 화과자

200여 년 역사의 화과자집이

카메야 요시나가

8대째 장인이 선사하는 가슴에 스미는 맛

노포의 대를 잇는 문제로 한때 갈등을 겪었던 점주가 있다. 바로 1803년 교토에서 문을 연 이래 8대째 내려오는 〈카메야 요시나가〉의 점주 요시무라 요시카즈(吉村良和) 씨이다. 현재 18년째 〈카메야 요시나가〉에서 과자를 만들고 있는 그는 대를 잇는 것이 부담스러웠던 나머지 엄청난 스트레스로 인해 병에 걸리게 되고, 10년 전 뇌종양으로 큰 수술을 하였다. 다행히 수술 후 건강을 회복한 그는 그 일을 계기로 대를 잇는 것의 무게보다 인생의 행복이 중요함을 깨달았다며, 무거운 어깨의 짐을 내려놓았다는 듯 이야기했다. 그리고 지금은 과자를 만드는 자신과 자신이 만든 과자를 좋아해주는 손님들을 행복하게 만드는 것만을 생각한다고 했다.

이러한 8대 점주 요시무라 씨가 이끄는 〈카메야 요시나가〉는 교토의 이세탄, 다카시마야 등 백화점에도 판매 점포가 있지만, 본점은 교토 오미야역(大宮駅)에서 도보로 5분 거리에 있다. 질 좋고 깨끗한 물이 있는 곳을 찾다가 교토의 이곳에 자리를 잡게 되었으며, 우물을 파서 양질의 지하수로 팥을 삶아 앙금을 만들고 요칸을 만들어왔다. 현재도 본점 옆에 우물이 있고, 한때 지하철 공사 때문에 우물물을 쓰지 못했지만 지금은 다시 파서 사용하고 있다. 이렇게 양질의 물을 사용하면 팥과 찹

점주 요시무라 요시카즈(吉村良和) 씨

쌀의 풍미를 잘 살릴 수 있기 때문에 지금도 그 수고를 아끼지 않는 것이다.

〈카메야 요시나가〉만의 특색 있는 대표 상품은 1803년 창업 당시부터 이어져 내려오는 '우바타마(烏羽玉)'이다. 비주얼이 마치 범부채 꽃의 열매를 연상시키는 반짝이는 검은 구슬 같아서 손을 대면 또르르 굴러갈 듯하다. 흑설탕을 넣은 코시앙을 둥글려 한천 옷을 입힌 과자로, 고급스러운 달콤함이 느껴지는 풍미 좋은 앙금과 젤리 같은 식감의 한천 그리고 씹히는 맛이 있는 양귀비 씨앗이 조화를 이룬다. 흑설탕은 일본 최남단 하테루마지마 섬의 양질의 사탕수수로 만들고, 앙금은 질 좋은 홋카이도산 팥을 이용해 만드는 등 실력 있는 장인들이 엄선한 재료를 사용한다. 맛은 보장되어 있는 셈이다.

우바타마 烏羽玉

개인적으로 우바타마를 옆에 두고 차를 마시며 독서하는 것을 좋아한다. 어제는 이것을 먹으며 오쿠다 히데오의 『무코다 이발소』를 읽었다. 꽤 오랜만에 손에 든 오쿠다 히데오의 소설은 왠지 이제 그도 아저씨가 된 것 같은 느낌을 주었다. 하지만 작가 특유의 유머는 여전했다. 이따금씩 흥미로운 인물이 등장하거나 새로운 사건이 생기면 이 우바타마를 베어 물고 이어서 차를 마셨다. 달콤한 앙금이 따뜻한 이야기와 함께 가슴 전체에 스며드는 듯했다. '마음이 차분해지는 맛'이란 표현이 어울린다.

카메야 요시나가

노포인 〈카메야 요시나가〉이지만 그 어떤 신생 가게보다도 새로운 시도들을 많이 하고 있다. 2010년부터 교토 의류 브랜드 '소소(SOU·SOU)'와 콜라보해서 세련된 패키지 디자인을 개발하고, 화과자 레시피가 담긴 책을 공동 출간했다. 이 가게 매장 직원들의 의상도 소소에서 디자인한 것이다. 또한 2011년에는 현 〈카시야(kashiya)〉의 오너 후지타 사토미(藤田怜美) 씨를 영입해 '사토미 후지타 by 카메야 요시나가(Satomi Fujita by KAMEYA YOSHINAGA)'라는 신 브랜드를 내놓으며 신선한 발상과 젊은 감각을 더한 화과자를 판매하기 시작했다.

1. 마론 まろん 사토미 후지타
   by 카메야 요시나가
2. 야키호우즈이 타네마키
   焼き鳳瑞 種まき

대표 상품인 우바타마를 사토미 버전 '마론(まろん)'으로 내놓은 것이 그 예이다. 껍질을 깐 귀여운 밤알 같은 이것은 일본 밤을 쪄서 체로 곱게 거른 뒤 설탕과 럼주 그리고 생크림을 섞어 양과자풍으로 변주하고, 럼주가 섞인 한천 옷을 입혀서 아몬드를 뿌린 상품이다. 은은한 럼주향이 매력적이면서 촉촉한 고구마 요캉 같은 느낌을 준다. 일본과 서양 사이에서 자유자재로 밸런스를 잡고 있는 사토미 후지타 브랜드는 요즘 전통 화과자와 멀어진 젊은이들에게 그 존재감을 확실히 어필하는 힘이 있어 보인다.

〈카메야 요시나가〉는 이외에도 2016년, '몸에도 마음에도 좋은 교토 과자를(からだにもこころにもやさしい京菓子を)'이라는 모토를 내걸고 점주의 부인 요시무라 유이코(吉村由依子) 씨의 '요시무라 와가시텡(吉村和菓子店)'이라는 건강 브랜드도 런칭했다.

식품영양학을 전공하고 파리의 르 꼬르동 블루를 졸업한 유이코 씨는 8대 점주인 남편이 뇌종양에 걸리고 가게 사정이 안 좋아 빚도 많을 때, 새로운 아이디어를 내서 가게를 다시 일으킨 장본인이다. 그녀의 브랜드는 그녀가 남편의 건강을 위해 당뇨병 치료에 좋은 레시피 개발을 했던 경험에서 비롯되었다. 원래 화과자는 설탕이 귀하던 시절 설탕을 듬뿍 넣어 만들던 것이 전통이나, 당뇨병이 있거나 몸이 좋지 않은 사람들이 먹기에는 부담스러운 것이 현실이었다. 하지만 유이코 씨는 '달콤한 디저트는 마음의 영양분'이라는 신념을 가지고, 환자들이나 건강 때문에 단 것을 먹지 못하는 사람들을 위해 몸에 좋은 과자를 개발하기 시작했다.

예를 들면, 우바타마의 흰 앙금에 코코넛 슈거와 비트 슈거로 단맛을 낸 건강 버전 '미카모다마(美甘玉)'를 만들었다. 단맛은 당지수가 낮은 천연 감미료로 내고, 미네랄이나 식이섬유를 많이 포함한 재료를 사용해 '야키호우즈이 타네마키(燒き鳳瑞 種まき)'도 출시했다. 이것은 코코넛 슈거를 넣어 만든 머랭 과자 위에 호박씨, 검은깨, 현미, 마카다미아, 녹차 등을 얹어서 저온으로 오랜 시간 구워낸 서양풍 화과자이다. 입에 넣으면 달콤한 머랭이 눈 녹듯 사라지고, 크리스피한 넛츠의 구수함이 입안에 퍼진다. 최근 이 상품의 인기가 높아 온라인 주문으로는 무려 2주를 기다려야 한다고 한다. 또한 와라비모치의 건강 버전도 곧 출시될 예정이라서 이제 당분 섭취를 제한받는 사람들이나 다이어트 중인 사람들도 달콤하게 입에서 녹아내리는 와라비모치를 먹을 수 있다는 희소식이다.

<table>
<tr><td colspan="2">ABOUT STORE</td></tr>
<tr><td>add</td><td>京都府京都市下京区四条通油小路西入柏屋町17-19</td></tr>
<tr><td>way to</td><td>한큐열차(阪急電鉄) 교토본선(京都本線) 오미야역(大宮駅) 3번 출구에서 도보 4분. 오미야역 3번 출구로 나와서 350미터 직진하면 나온다.</td></tr>
<tr><td>tel</td><td>075-221-2005</td></tr>
<tr><td>time</td><td>09:00~18:00</td></tr>
<tr><td>closing day</td><td>1월 1일, 2일</td></tr>
<tr><td>homepage</td><td>http://kameya-yoshinaga.com/</td></tr>
</table>

쥬반세루

소녀의 감성으로 만드는 일본풍 양과자

소풍 온 기분으로 즐기는 맛차 퐁듀

매우 추웠던 어느 겨울날, 교토 고다이지(高台寺) 근처를 걷다가 우연히 엄청난 행렬이 있는 가게를 보게 되었다. 하얀 깃발 같은 작은 간판과 초록색 노렌에 'ジュヴァンセル(쥬반세루)'라는 가게 이름이 적혀 있어서 서둘러 검색해보니 '맛차 퐁듀(抹茶フォンデュ)'로 유명한 가게인 듯했다. 사진만 봐도 당장 먹고 싶은 비주얼! 게다가 맛차 퐁듀라니! 그래서 즉각 나의 타베아루키* 예정 리스트에 올려둔 후 다음번 교토 타베아루키 때 나도 그 행렬에 동참해서 40여 분을 기다린 끝에 겨우 가게 안으로 들어갈 수 있었다. 일본풍 양과자, 즉 양과자와 화과자를 구분한다면 그 사이 어딘가에 놓일 법한 것들이 다양하게 있는 곳이었다. 예를 들면, 과일뿐 아니라 밤이나 하얀 경단이 들어 있는 선명한 그린 컬러의 '기온의 맛차 롤(祇園の抹茶ろーる)'이라든가, 밤 크림 대신 핑크핑크한 딸기 크림이 올라가 있고 밑은 규히로 감싸져 있는 '딸기 몽블랑(苺もんぶらん)' 같은 것들 말이다.

가게 안팎은 여기저기에서 소문을 듣고 맛차 퐁듀를 먹으러 온 일본 사람들로 가득 차 있었다. 점원에게 인원과 이름을 말하고 엘리베이

---

* 타베아루키(食べ歩き): 맛집을 찾아 돌아다니는 것.

터를 타고 2층으로 올라가 얼마간 기다리니 내 이름을 불렀다. 인상 좋은 아주머니 점원이 창가의 가장 안쪽 카운터석으로 나를 안내해주었다. 머릿속에는 맛차 퐁듀밖에 없었지만, 일단 메뉴판을 받았으니 이것저것 보는 시늉은 했다. 하지만 역시나 그 외에는 눈에 들어오지 않아, 얼마 뒤 나타난 직원에게 맛차 퐁듀를 주문했다. 창밖으로 이 추운 겨울날에도 교토를 관광하러 온 많은 사람들이 지나가는 풍경이 보였다. 인력거를 탄 연인도 보이고, 뭐가 그리 재미있는지 인력거 끄는 남자와 이야기를 나누며 깔깔대는 젊은 여자 둘도 보였다. 창밖으로 사람 구경을 하고 있으니 어느덧 주문한 녀석이 나왔다.

체리나무가 그려진 하얀 도자기로 만든 2층의 쥬바코*와 선명한 녹색의 따뜻한 맛차 초콜릿 소스가 나왔다. 뚜껑을 열어 각각을 늘어놓으니 혼자서 소풍이라도 온 기분이다. 한쪽은 과일과 채소 중심이고, 다른 한쪽은 떡과 양과자들이 들어 있었다. 왠지 알록달록한 색깔에 이끌려 바나나, 딸기, 오렌지, 고구마 등이 들어 있는 것부터 먹어보기로 했다. 이게 얼마만의 퐁듀인지, 유럽을 여행할 때 스위스에서 치즈 퐁듀를 먹은 이후 처음이 아니었나 싶다. 잘 익은 노란 바나나와 상큼한 딸기, 살짝 그을려낸 오렌지, 달콤한 고구마 등 늘어선 것들 중에 먼저 무엇을 먹으면 좋을지 망설여졌다.

과일과 채소, 양과자와 떡이 맛차 초콜릿을 만나면

고민 끝에 제일 무난한 조합부터 시도해보기로 했다. 바나나를 맛차 초콜릿 소스에 반쯤 퐁당 빠뜨려 입으로 가져갔다. 달콤한 바나나에 달콤 쌉싸름한 맛차 초콜릿 소스가 더해져 녹진하게 입안에 퍼졌다. 단순한 초콜릿이라도 맛차 아이스크림에 팥 앙금을 더하듯 식상하리만큼 잘 어울렸겠지만, 맛차 초콜릿이라는 점이 재미있었다. 다음은 빨간 딸기를 찍어 먹었다. 촉촉하고 상큼한 딸기가 단조로울 수 있는 맛차 초콜릿에 과일향을 더하며 조화를 이루었다. 같은 과일이지만 조금 전의

---

* 쥬바코(重箱): 층층이 포개는 것이 가능한 여러 그릇을 한 벌로 만든 음식 그릇. 찬합.

바나나와는 전혀 다른 맛이었다. 다음은 오렌지로, 살짝 그을린 자국이 있는 오렌지는 따뜻하지도 차갑지도 않은 온도였다. 기다란 오렌지 한 조각의 면적만큼 맛차 초콜릿을 듬뿍 찍어 입안에 넣으니, 씹으면 씹을수록 상큼한 과즙이 나오면서 진득한 맛차 초콜릿에 수분과 향을 더하고 사라져갔다. 맛차와 오렌지라니 의외의 조합이었지만 꽤나 괜찮았다.

달콤한 고구마 한 조각도 이 초록색 소스에 빠뜨리듯 찍었다. 찍고 나니 이질감이 들어 그냥 먹을 걸 하는 생각이 순간적으로 스쳤지만, 입에 들어가는 순간 그런 생각은 싹 사라지고 달콤함만 남았다. 앞으로 고구마는 흰 우유가 아닌 맛차 라떼와 먹어야겠다며 고개를 끄덕였다. 한천으로 만든 것 같기도 하고 쿠즈코로 만든 것 같기도 한 반투명한 하얀 덩어리는 맛차 초콜릿에 굴리듯 묻혀보았다. 겉모습은 영락없는 차당고*같이 되었다. 맛은 적당히 쫄깃하지만 와라비모치나 차당고와는 다른 가벼운 식감이었고, 맛차 초콜릿 자체의 우마미에 식감만 더해준 느낌이었다.

다른 한쪽은 마들렌, 맛차 파운드 케이크, 밤, 당고, 벚꽃 잎을 돌돌 만 규히 등이 담겨 있었는데, 양과자는 역시나 요거트에 그래놀라를 넣어 먹는 것만큼 당연히 잘 어울렸다. 살짝 구운 자국이 남은 쫄깃한 당고도 이렇게 먹어보는 것은 처음이었지만 보란 듯이 어울렸다. 문제는 벚꽃 잎과 규히였는데, 이것이 과연 달콤한 맛차 초콜릿 소스와 어울릴지 의문이라 긴장하며 마지막까지 남겨둔 것이다. 두근두근하며 맛차

* 차당고(茶団子): 차(茶)를 넣고 만든 진녹색의 경단.

맛차 퐁듀抹茶フォンデュ

소스를 찍어 입에 넣는 순간 '아, 이거다' 하는 생각이 들었다. 만화를 보면 등장인물이 무언가 맛있는 것을 먹을 때 머리 위에 '뾰로롱' 하고 별이 뜨지 않나. 누군가 지금 내 모습을 본다면 그렇게 보일 것만 같았다. 이내 주변을 확인했다. 카운터석에 앉아 있으니 누가 내 얼굴 표정 따위는 보지도 않겠지만 왠지 들키면 부끄러울 것만 같았다. 마음속으로는 "이거야!" 하며 '예스' 포즈라도 취하고 싶었지만 참았다.

찹쌀떡과 치즈 케이크, 출신지는 다르지만 환상의 조합

그러자 두 손이 간질간질해지면서 이 맛있는 사건을 누구에게든 알려야겠다는 생각이 들었다. 그때 옆의 여자 손님 둘이 주문한 음식이 나왔다. 하얀 접시 위에 대나무 잎에 싸인 무언가가 있었는데, 친구인 핫시가 집 앞에 걸어놓는 것이라고 말한 치마키* 생각이 났다. 핫시는 지금쯤 뭘 하고 있으려나. 곧 있을 졸업식까지는 방학이나 다름없으니 요 며칠 연락을 하지 못했다.

「핫시~ 뭐 해?」

얼마 뒤 답이 왔다.

「응, 집에서 TV나 보고 있어. 황 상은?」

---

* 치마키(ちまき): 찹쌀로 만든 떡이나 밥을 대나무 잎으로 싸서 만든 것을 가리키며, 기온마쓰리에서 판매되는 치마키는 먹지 않고 1년 동안 액운을 막아주길 바라는 의미에서 집 대문에 걸어놓는다.

「난 지금 교토에서 타베아루키, NOW.」

「이렇게 춥고 비까지 오는 날? 역시 황 상 대단하다~ 교토 어디?」

「지금 〈쥬반세루〉에서 40분이나 기다려서 맛차 퐁듀 먹고 있어. 이거 먹고 와라비모치 먹으러 근처 〈라쿠쇼(洛匠)〉로 이동하려고.」

「와~ 맛차 퐁듀? 맛있겠다~ 사진 보여줘!」

바로 좀 전에 찍은 맛차 퐁듀 사진 중 가장 맛있게 나온 사진을 라인으로 보냈다.

「와~ 과일이랑 모치랑 있는 거구나~ 맛있어? 나도 먹어봐야겠다. 난 저번에 갔을 때 맛차 퐁듀가 다 매진돼서 그 뭐지? 이름은 기억 안 나는데 치즈 케이크에 다이후쿠 들어 있던 것! 그것밖에 못 먹었어.」

「그래? 어땠어?」

「응, 완전 부드럽고 맛있었어. 황 상이 좋아할 스타일인데 그건 주문 안 했어?」

「응, 일단 맛차 퐁듀밖에 생각이 안 나서. 다 먹고 먹어볼게.」

「하하, 역시 위대(胃大)한 황 상! 와라비모치도 먹으러 간다면서~ 다 먹어보고 감상 말해줘.」

서둘러 남은 아이들을 입에 넣으니, 직원이 맛차 초콜릿 소스에 따뜻한 우유를 부어준다. 이것만 마시러 또 오고 싶을 정도로 훌륭한 맛의 맛차 초콜릿 라떼를 홀짝홀짝 마시며, 마침 지나가던 직원에게 메뉴판을 다시 가져다 달라고 말했다. 메뉴판을 다시 받아서 핫시가 말한 치즈 케이크인 '사가의 길(さがの路)'을 추가로 주문했다. 직원은 곧 옆자리의 여자가 먹던 것과 같이 대나무 잎에 싸인 케이크를 하얀 접시에 내왔다.

사가의 길さがの路

교토에 디저트 먹으러 갑니다

싱그러운 향이 나는 잎을 걷어내니 하얀 속살이 드러났다. 큐브 형태 위에는 엷은 연두빛의 규히가 덮여 있었고 주위에는 노란 알갱이가 박혀 있었다. 하얀 속살을 떠먹어보니 가벼운 질감에 치즈맛이 진한 부드러운 레어 치즈 케이크였다. 동그랗게 박혀 있는 것은 각각 유자 앙금과 쑥 앙금이 들어 있는 미니 찹쌀떡 형태의 떡으로, 상큼한 레어 치즈 케이크와 위화감 하나 없이 잘 어울렀다. 분명 둘은 일본과 서양으로 출신지가 다르지만 어디가 다르냐는 듯 어우러져 이제까지 없던 하모니를 이루어냈다. 위에 얇게 덮인 맛차 규히는 색깔처럼 옅은 맛으로, 부드러우면서 레어 치즈 케이크와 환상의 궁합을 자랑했다. 대체 이 조합은 어디서 누가 처음 생각해낸 것인지 신통방통할 따름이었다.

먹고 남은 대나무 잎을 보니 지난여름의 기온마쓰리*가 생각났다. 이곳에서 엎어지면 코 닿을 만한 거리에 있는 야사카 신사(八坂神社)와 그 주위가 사람들로 가득 찼던 때가 엊그제 같다. 2016년 7월 16일, 같은 반 친구인 오쿠하마 씨와 인도네시아 유학생인 마리오 군, 그리고 내 보호자를 자처하는 핫시와 함께 기온마쓰리 전야제인 요이야마(宵山)에 갔더랬다. 등불을 단 거대한 야마와 호코도 보고, 유카타를 입고 게타(下駄 일본 나막신)를 신은 사람들 속에서 치마키도 사고, 호코에 올라가 사진도 찍었다. 그리고 시원한 오이 꼬챙이를 들고 먹으며 요이야마

---

* 기온마쓰리(祇園祭): 일본 3대 축제 중의 하나로, 헤이안 시대(平安時代)부터 역병 퇴치를 신에게 기원하기 위해 시작되어 1100년이 넘게 이어지고 있다. 7월 한 달 내내 열리는 기온마쓰리는 야마호코쥰코(山鉾巡行 야마호코순행)라 하여 호화스러운 장식물을 장식한 큰 가마인 야마(山)와 호코(鉾) 32~33기가 교토 중심지를 행진하는 본 축제 때 절정에 이른다.

쥬반세루

의 분위기를 한껏 느꼈다.

밤늦게까지 하던 야타이(屋台 포장마차)의 불빛들이 어찌나 밝고 활기차던지. 함께 갔던 친구 셋과 각자 줄을 서서 야키소바와 베이비 카스테라, 야키토리(焼き鳥 닭 꼬치구이)와 부타망(豚まん 돼지고기 만두)을 사왔다. 그리고 신사 옆 마루야마 공원(円山公園)에 자리를 잡고 시원한 캔맥주를 마시며 땀으로 흠뻑 젖은 몸을 식혔다. 호코 위에서 40~50명의 연주자들이 북과 피리, 징으로 축제 음악인 「기온바야시」를 연주하고 있었는데, 축제 구경을 마치고 집으로 돌아오는 길에도 그 멜로디가 귓전을 떠나지 않았다. 그 후로 나에게 교토는 여름의 이미지가 강했지만, 이렇게 겨울에 맛있는 맛차 퐁듀를 먹고 나니 겨울도 나름 어울린다는 지조 없는 생각이 들었다. 아무렴 어떤가.

지점에 따라 다른 특별 한정 메뉴

가게 이름 'JOUVENCELLE(쥬반세루)'는 프랑스어로 '소녀'라는 뜻으로 과자의 제조부터 판매까지 여성의 부드러운 감성을 살리는 것을 목표로 한다고 한다. 이곳은 규모가 큰 일본풍 양과자 가게 중에서도 돋보이는 가게 중 하나로, 교토에서 자라난 양질의 재료를 사용해 계절감을 표현할 수 있는 과자를 만들어내고 있다. 1988년 기온마쓰리 때 오이케점(御池店)을 오픈하며 시작한 이곳은 JR 교토 이세탄(ジェイアール京都伊勢丹) 지하매장을 비롯해 교토에 다섯 곳의 점포를 운영하고

타케토리모노가타리 竹取物語

쥬반세루의 대표 상품으로 2000년부터 판매되고 있다. 일본 국내산 밤과 검은콩을 잔뜩 넣은 파운드 케이크 반죽을 대나무 잎으로 싸고 오븐에 구워 폭신폭신하고 촉촉함이 돋보인다. 흑설탕을 사용해 그리 달지 않으면서도 구수하고, 오득오득 씹히는 콩과 밤이 정겹고, 유자 필을 넣어 상큼하다. 카페에서 먹으면 조각으로 맛볼 수 있지만 테이크아웃의 경우에는 한 줄씩 판매한다. 일본을 물씬 느낄 수 있는 재료로 만들어져 한국에 있는 소중한 사람들에게 오미야게(お土産 여행지에서 사 가는 선물)로 사 가는 것도 좋을 듯싶다.

맛차 슈크림 抹茶 シュークリーム

교토 이세탄점과 진구마에점에서 판매. 부드러운 일본식 슈(Chou) 안에 교토 우지산 맛차를 넣어 만든 부드러운 커스터드 크림을 듬뿍 채웠다. 반으로 가르면 선명한 그린 컬러의 크림이 분출하듯 흘러내릴 수 있으니 주의!

있으며, 다방면에서 화과자와 양과자를 적절히 혼합해 일본풍 양과자
라는 새로운 장르를 만들어내고 있다.

그중에서도 기온점(祇園店)에서만 팔고 있는 '맛차 퐁듀'가 일본 미디
어에서도 앞다퉈 다룰 정도로 인기이다. 거의 모든 테이블에서 하나같
이 주문한다고 해도 과언이 아닐 인기 폭발 '맛차 퐁듀'는 교토 우지산
맛차를 사용한 맛차 초콜릿 소스에 화과자, 양과자, 과일 등을 찍어 먹
는 것이다. 그 내용은 계절마다 약간의 변화가 있다. 예를 들어, 봄 한정
퐁듀인 '벚꽃 빛깔 퐁듀(桜色フォンデュ)'는 벚꽃 잎을 넣은 파운드 케이
크, 마들렌, 벚꽃 크림 케이크, 딸기 등으로 구성되어 있었다. 그리고 퐁
듀를 다 먹고 나면, 남은 맛차 소스에 따뜻한 우유를 부어서 마실 수 있
는데 이 또한 별미이다. 가장 최근 2016년에 오픈한 진구마에점(神宮前
店)의 한정 메뉴인 '오토메젠자이(乙女善哉)'는 맛차 초콜릿 소스에 삶은
팥과 떡을 넣어 만든 퓨전 젠자이로, 이 또한 인기가 많다.

쥬반세루 기온점 JOUVENCELLE 祇園店

add　京都市東山区八坂鳥居前南入清井町482
京ばんビル 2F

way to　게이한열차(京阪電車) 게이한본선(京阪本線) 기온시조역(祇園四条駅) 6번 출구에서 도보 10분. 기온시조역 6번 출구로 나와 야사카 신사(八坂神社) 방향으로 계속 직진하다 야사카 신사 삼거리에서 우회전하고, 길을 건너 기모노 대여점(着物レンタル) 왼쪽으로 나 있는 샛길을 따라 올라가다 보면 언덕바지 오른쪽에 있다.

tel　075-551-1521

time　10:00～18:00

closing day　부정기

homepage　http://jouvencelle.jp/

쥬반세루 오이케점 JOUVENCELLE 御池店

add　京都市中京区御池通高倉西入高宮町216

way to　지하철 가라스마선(地下鉄烏丸線) 또는 도자이선(東西線)의 가라스마오이케역 (烏丸御池駅) 1번 출구에서 도보 2분. 가라스마오이케역 1번 출구에서 190미터 직진하면 왼쪽에 보인다.

tel　075-231-7571

time　09:30～19:00

closing day　부정기

쥬반세루 진구마에점 JOUVENCELLE 神宮前店

add　京都府京都市左京区岡崎円勝寺町140
ポルト・ド岡崎 1F

way to　지하철 도자이선(東西線) 히가시야마역(東山駅) 1번 출구에서 도보 5분. 히가시야마역 1번 출구로 나와 로손(LAWSON) 방향으로 200미터 직진해서 산조진구미치(三条神宮道) 거리에서 좌회전하고 다시 200미터 직진하면 왼편에 보인다.

tel　075-762-5225

time　10:00～18:00

closing day　월요일(공휴일인 경우 영업함)

절묘한 콜라보레이션

남편의 화과자와 부인의 양과자의

이치조지 나카타니

一乘寺中谷

화과자와 양과자의 재미있는 만남

본래 평범한 화과자집이던 〈이치조지 나카타니〉는 요정(料亭 고급요 릿집)에서 일식을 배우다 가업을 잇기 위해 돌아온 3대 점주인 아들 나카바야시 히데아키(中林英昭) 씨가 파티시에 부인과 결혼한 것을 계기로 변화를 맞게 된다. 화과자의 전통을 지키며 서양적인 터치를 가미한 화과자와 일본적인 요소를 접목한 양과자를 선보이기 시작했는데, 이것이 입소문을 타고 인기가 높아지면서 TV 등 매체에 여러 번 소개되어 가게가 유명해지게 된 것이다. 그중에서도 특히 인기 상품인 '비단 맛차 티라미수(絹ごし抹茶ていらみす)'는 현재 인터넷으로 주문하면 8개월이나 기다려야 하는 대히트 상품이 되었다.

본래 화과자 가게였던 만큼 '이곳의 메뉴 중 오래도록 사랑받은 녀석은?' 하면 가장 먼저 손을 들 녀석이 오랜 베스트셀러인 '뎃치요캉(でっち羊羹)'이다. 이것은 서일본 지방에서 전통적으로 내려오는 요캉의 한 종류로, 앙금에 밀가루나 쿠즈코를 넣어 대나무 잎에 싸서 쪄서 만드는 무시요캉에 속한다. 앙금에 한천을 넣어 굳히는 요캉보다 부드럽고 찰진 식감이며, 당이 덜 들어가서 유통기한이 짧다. 특히 이곳의 뎃치요캉은 알이 크고 껍질이 부드러운 단바산 다이나곤 팥(大納言小豆)과 결정이 크고 순도가 높은 고급 설탕인 시라자라토(白双糖) 그리고 쌀가루를

점주 나카바야시 히데아키(中林英昭) 씨

교토에 디저트 먹으러 갑니다

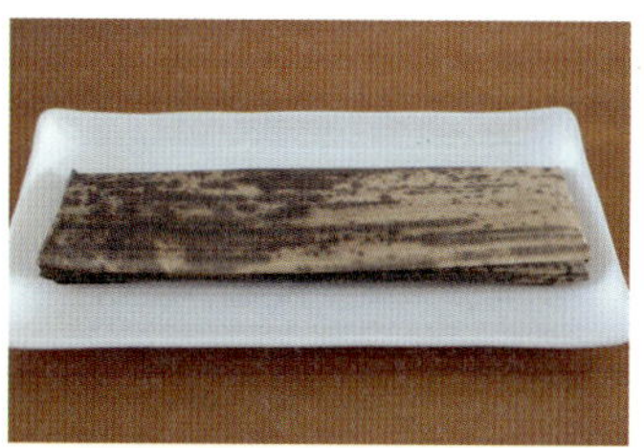

뎃치요캉でっち羊羹

이치조지 나카타니

쿠리무시 몽블랑 栗むしモンブラン

사용해 만든 요캉을 대나무 잎에 올려 만든다. 옛날 방식 그대로 만들기 때문에 다른 가게보다 두께가 얇아, 열이 골고루 전달되며 대나무향이 잘 밴 것이 특징이다. 또한 쌀가루를 넣어 부드러우면서도 쫄깃한 식감이 매력적이며, 비교적 설탕을 많이 넣지 않아 담백하다. 흔히 우리가 아는 요캉을 좋아하지 않는 사람도 이 적당한 달콤함과 쫀득한 식감의 뎃치요캉을 한 번 맛보면 요캉의 새로운 매력에 빠지게 될지도 모르겠다. 맛은 플레인과 밤맛이 있는데, 이 밤맛의 뎃치요캉이 후에 서양풍으로 어레인지되며 색다른 역할을 해낸다.

이 책에도 몇 개의 몽블랑이 소개되어 있지만, 가장 특이한 것을 고르라면 이곳의 '쿠리무시 몽블랑(栗むしモンブラン)'일 것이다. 단지 〈이치조지 나카타니〉의 오랜 명물 뎃치요캉이 들어가기 때문만은 아니다. 그것은 기본적 토대에 불과하다. 만약 평범함을 벗어난 것을 모두 문제아라 낙인찍는다면, 〈이치조지 나카타니〉의 몽블랑은 문제아 중의 문제아이다. 먼저 한눈에 알아볼 수 있는 특이한 점은 모나카 껍질을 모자처럼 쓰고 있다는 것이다. 놀란 마음을 붙잡고 반을 갈라보면 선명한 보라색과 녹색의 층이 보이는데, 이는 바로 카시스 무스*와 맛차 스펀지이다. 이것을 교대로 쌓아올리고 생크림과 밤 크림을 짜 올려 밤 절임과 아몬드 슬라이스로 장식한 것이다. 모나카 모자를 쓰고 있는 녀석은 마치 진주를 품고 있는 조개껍질같이 보이기도 한다. 돔형으로 두껍

---

* 무스(Mousse): '무스'란 거품이라는 뜻으로, 생크림, 달걀흰자를 거품 내어 가벼운 식감으로 만들어낸 과자를 말한다.

이치조지 나카타니

게 쌓아올린 밤 크림 안에 샹티(Crème chantilly 휘핑 크림)와 부드러운 스펀지, 머랭 등 심플한 구성으로 이뤄진 프랑스 본토 몽블랑이 알면 세상에 이런 반항아가 따로 없다고 노할 것이 분명하다. 하지만 내 경험상 문제아는 실없지만 의외로 재미있는 녀석들이 많다. 적당히 달콤한 밤 크림이 쫀득한 식감의 뎃치요캉과 의외의 궁합을 뽐내며 카시스의 산미가 기분 좋은 깔끔함을 선사해주고, 이것들이 어우러져 작은 케이크 안에서 여러 가지 맛의 조합을 만들어내며 재미를 준다.

대세와 이단아, 문제아들의 모임

그리고 '이곳에서 요즘 가장 대세인 녀석은?' 하면 '비단 맛차 티라미수(絹ごし抹茶ていらみす)' 양이 도도하게 손을 들 것이다. 이것은 양과자인 티라미수를 녹차와 두유, 흰 앙금을 사용하여 일본식으로 재해석해 만든 케이크로, 화과자와 양과자의 경계를 넘나들어 앞의 몽블랑 못지않은 문제아이다. 겉을 보면 일본화(日本画)의 한 양식이기도 한 카레산스이(枯山水)의 정원을 형상화한 듯 새하얀 크림 위에 색색의 콩들이 가지런히 놓여 있고, 까만 바구니 안에 종이를 깔고 들어앉은 모습이다. 하지만 그 안은 녹차 시럽을 적신 깔끔한 맛의 촉촉한 스펀지와 교토의 유명한 노포 〈류오우엔(柳桜園)〉의 맛차를 사용한 맛차 크림, 흰 앙금과 최고급 프로마주 블랑(Fromage blanc 하얀색 비숙성 치즈), 두유를 넣어 부드럽게 만든 크림으로 이루어져 있다.

1. 비단 맛차 티라미수 絹ごし抹茶ていらみす
2. 자루와라비 ざるわらび

이 또한 이탈리아 본토의 마스카르포네 치즈가 듬뿍 들어가 에스프레소에 흠뻑 적셔진 티라미수가 본다면, 녀석을 반역자 취급하며 영원히 추방시켜버릴지도 모른다. 만약 그런 일이 생긴다면 인류의 손해일 것이다. 이 녀석은 나름 적당하게 달콤한 크림과 두유로 만들어져 일반 생크림보다 가볍고 건강하게 먹을 수 있는 데다, 녹차를 넣고 구운 스펀지를 입에 넣는 순간 은은한 향과 함께 녹아들어갈 듯한 부드러움을 맛볼 수 있기 때문이다. 온라인상에서는 없어서 못 사는 지경에 이르렀지만 매장에서는 고맙게도 이 녀석을 맛볼 수가 있다. 학교 선생님에게는 게으르다고 혼나고 수학과 물리학 외에는 낙제생이었던 아인슈타인도 인류 문명을 송두리째 바꾼 인물이 되지 않았나. 뭐든 함부로 판단해서는 안 된다.

그리고 이곳에는 크림을 뒤집어 쓴 전통 화과자계의 이단아도 있는데, 바로 '자루와라비(ざるわらび)'라는 녀석이다. 작은 소쿠리에 커다란 푸딩 같은 와라비모치가 부드러운 홋카이도산 생크림을 쓰고 앉아 있는데 약간의 콩가루를 뿌려두어, 마치 난 그렇게 특이한 사람이 아니라는 듯 변명을 하고 있는 것 같다. 중요한 건 맛 아니겠나. 탱글탱글하고 적당히 부드러운 와라비모치에 함께 제공되는 오키나와 하테루마지마산 흑설탕 시럽을 뿌려 먹으면, 달콤하고 구수한 맛이 더해져 그냥 먹었을 때와는 또 다른 풍미를 느낄 수가 있다.

마지막으로 이런 문제아들이 모여 만들어낸 최강의 무리는 '나카타니 파르페(中谷パフェ)'로 불리는 그룹이다. 앞서 설명한 오랜 모범생인 뎃치요캉과 진한 바닐라맛과 맛차맛의 젤라또, 한천으로 만든 구수한

파이 찹쌀떡 パイ大福

파이 안에 찹쌀떡이 통째로! 바삭바삭 잘 구워낸 파이 속에 부드
러운 앙금의 찹쌀떡을 넣은 제품. 화과자집에서 만드는 찹쌀떡의
맛은 두말하면 잔소리!

호지차 젤리, 부드러운 두유 푸딩, 메밀가루로 만든 바삭하고 고소한 과자, 쫄깃한 하얀 경단, 폭신한 스펀지로 파르페의 컵이 꽉 차고도 넘칠 정도이다. 명물 뎃치요캉을 필두로 모인 문제아들은 저마다도 맛있지만, 모여 있을 때 더 큰 파워를 내는 듯하다. 이것저것 맛보느라 정신을 빼앗기다 보면 어느새 커다란 유리컵이 비어 있다. 이래서 문제아가 많은 반을 맡은 선생님이 쉴 틈 없이 피곤하구나 싶다.

ABOUT STORE

add	京都府京都市左京区一乗寺花ノ木町5番地
way to	에이잔전차(叡山電鉄) 에이잔본선(叡山本線) 이치조지역(一乗寺駅)에서 도보 6분. 이치조지역에서 동쪽 방향으로 400미터 직진해서 큰길이 나오고 훼미리마트가 보이면 길을 건너고, 50미터가량 더 가면 오른쪽에 보인다.
tel	075-781-5504
time	09:00 ~19:00(Last order 18:00)
closing day	수요일(11월은 부정기 휴일 있음)
homepage	http://ichijouji-nakatani.com/

교토에 디저트 먹으러 갑니다

카시야

일본과 프랑스 사이, 세상에 없던 맛의 천국

양과자에서 화과자로 건너가는 길

지선언니가 먼저 이 책에 대한 제안을 해줬을 때, 그녀가 꼭 알리고 싶었던 가게는 아마 이 〈카시야〉가 아니었나 싶다. 재학 시절 우리 학교의 자랑스러운 졸업생 중 한 명으로 소개된 셰프 후지타 사토미(藤田怜美) 씨의 과자를 먹어볼 기회가 있었다. 그녀의 과자는 '사토미 후지타 by 카메야 요시나가'라는 상표가 붙어 있는 '호노호노(ほのほの)'였는데, 노랗고 동그란 모양에 약간의 산미가 있는 치즈가 촉촉한 앙금 속에 들어 있어, 화과자인 듯 치즈 케이크인 듯 오묘한 맛을 냈던 걸 지금도 잊을 수가 없다. 그런 그녀가 독립적으로 운영하는 가게가 있다는 것을 지선언니를 통해 알게 되었다.

후지타 씨는 츠지제과학교와 츠지의 상급 학교인 프랑스교를 졸업한 뒤, 파리의 미슐랭 별 두 개를 가진 레스토랑에서 셰프 파티시에로 근무하고 프랑스 디저트 콘테스트에서 4위까지 입상한다. 이런 양과자계에서의 화려한 경력에도 불구하고, 우연히 참가한 파리 화과자 연구회에서 화과자를 만나 그 매력에 빠져버리고 만다. 5년간의 프랑스 생활을 청산하고 일본으로 귀국한 그녀는 200여 년의 역사를 가진 교토의 화과자 노포 〈카메야 요시나가〉에서 화과자를 배우기 위해 밑바닥에서부터 다시 도전하기 시작한다. 처음에는 일본의 풍습이나 행사에 대해

호노호노(ほのほの) 사토미 후지타 by 카메야 요시나가

잘 몰라서 곤란을 겪기도 하고, 과일의 맛과 향으로 계절감을 표현하는 양과자와 달리 자연이나 풍경 속의 꽃을 색이나 모양으로 표현하는 화과자로 인해 애를 먹었으며, 양과자처럼 가르쳐주는 문화가 아닌 본인의 눈으로 보고 스스로 알아서 습득하는 화과자의 문화에 고전했다고 한다.

이러한 어려움을 다 이겨내고 그녀는 다도와 꽃꽂이까지 익히는 등 부단한 노력을 기울였다. 그리고 마침내 프랑스에서 익힌 기술과 〈카메야 요시나가〉에서 익힌 화과자를 융합해 만들어낸 신감각 화과자로 일약 주목을 받으며 '사토미 후지타 by 카메야 요시나가'라는 브랜드를 세상에 알리게 된다. 2014년 9월에는 교토에 자신의 가게 〈카시야〉를 오픈하여, 오로지 자신만이 만들 수 있는 일본풍 양과자 혹은 서양풍 화과자들을 선보이고 있다.

교토 산조역(三条駅)에서 가모가와 강을 따라 북쪽으로 올라가다가 오른쪽으로 비스듬히 2차선 도로가 나 있는 조용한 거리를 걷다 보면 2층 기와집 건물 밖 '菓かしや(카시야)'라고 쓰여 있는 나무 간판이 보인다. 오래된 민가를 개조해 만든 〈카시야〉는 일본 고유의 정취를 느낄 수 있으면서 세련되게 정돈된 분위기이다. 자연주의 스타일의 인테리어에, 선반에는 나무를 깎아 만든 자그만 사슴 인형이 앉아 있는 등 작은 재미를 더한 세심함이 엿보인다.

이곳을 방문하는 날은 어쩐지 항상 비가 추적추적 오는 날에 늘 창가 쪽 2인 테이블에 앉게 된다. 그래서인지 내게 〈카시야〉는 항상 주위에 빗방울이 떨어지는 느낌이다. 지선언니와 함께 자리를 잡고 앉으니 키가 큰 점원이 메뉴판을 가져다주었다. 우리는 각각 센차 한 잔과 '치즈와 분탄*(Cheese & Buntan)'이라는 이름의 디저트를 주문했다. 그리고 음식이 나오기 전 언제나 그랬듯 사진기를 꺼내 테이블 옆에 놓았다. 그걸 본 언니가 소곤거렸다. "여기 올 초부터 사진 금지야." 그제야 나는 테이블에 놓인 'No Photography' 표시에 눈이 갔다. 촬영 금지 장소인 것이다. 실내 전경은 물론, 주문해서 나온 음식조차 찍을 수가 없단다.**

이윽고 차와 함께 '치즈와 분탄'이 나왔다. 가운데 바닐라 빈이 보이

---

* 분탄(文旦): 포멜로.
** 2017년 10월부터 자신이 주문한 음식 사진에 한해 촬영이 가능하다.

카시야

는 기다란 바닐라맛 치즈 케이크가 놓여 있고, 꿀을 젤리 형태로 굳힌 것이 위에 올라가 있었다. 그 주위에는 상큼한 분탄과 동그란 미즈만주* 같은 형태로 분탄 퓨레가 들어간 한천, 아마자케** 아이스크림과 쌉싸름한 맛차 크럼블***, 아마자케 빙과가 하얀 서리처럼 흩뿌려 있고, 바삭하게 구운 얇은 튀일****이 올라가 있었다. 이런 디저트 플레이트는 난생 처음이라 어디서부터 먹어야 할지 몰라 망설이고 있었더니 언니가 먼저 포크를 넣었다. 언니는 하나하나 맛을 보고는 같이 먹어보기도 하고 조합을 바꾸어 먹어보기도 했다. 때때로 "음~" 하더니 "아, 이건 아마자케가 든 아이스크림이네" 하며 노트에 메모도 했다. 언니는 이제까지 틈만 나면 이곳을 방문할 정도로 자주 왔다는데 그때마다 이런 식으로

---

* 미즈만주(水まんじゅう): 젤리 같은 표면 안에 팥 앙금이 들어 있어, 얼음 위에 띄우거나 시원하게 만들어서 먹는 과자.
** 아마자케(甘酒): 겉보기가 막걸리와 비슷한 일본 전통 감미음료 중 하나로 주로 쌀누룩, 쌀, 지게미를 원료로 한다.
*** 크럼블(Crumbles): 밀가루, 버터, 설탕을 섞어 소보로 형태로 만든 것으로 케이크의 토핑 등으로 사용됨.
**** 튀일(Tuile): 얇게 펴서 굽는 기와 모양의 프랑스 과자.

먹었다니 요리를 전공한 내 입장에서도 신기하게 느껴졌다.

언젠가 언니가 "나는 전통적인 화과자 그대로가 아니라 서양풍이나 다른 것들과 융합해서 뭔가 새로운 것을 만들고 싶어"라고 말한 적이 있는데, 이곳의 메뉴는 그야말로 그 꿈 자체인 것 같았다. 지선언니는 자신이 걷고 싶은 길의 선배이자 동경의 대상이었던 오너 셰프 후지타 씨를 한 번이라도 만나보고 싶어서 〈카메야 요시나가〉에 찾아가서 다짜고짜 그녀를 만나고 싶다고 이야기한 적도 있을 정도였다. 이런 열정 덕분인지 취재에 응하지 않기로 유명하다는 후지타 씨에게 이 글을 위한 사진 촬영까지 허락받을 수 있었다.

상상 그 이상의 자유롭고 신선한 메뉴들

손님에게 어떤 디저트가 나올지 기대하는 재미를 주기 위해서일까, 〈카시야〉에서는 메뉴에 어떠한 자세한 설명도 없이 간단한 재료명만을 적는다. 그리고 그 계절에 나는 과일 재료를 사용해 그것에 어울리는 화과자 기법과 양과자 기법으로 하나의 플레이트를 완성한다.

예를 들면 양과자에서 사용하는 스펀지 대신 도라야키나 카루캉* 등을 토대로 쓰며 거기에 바닐라 빈이나 후르츠 필** 등을 넣어 양과자풍

---

* 카루캉(軽羹): 참마와 쌀가루, 설탕을 이용해서 만든 규슈의 특산 과자.

** 후르츠 필(Fruit peel): 과일 껍질에 설탕을 버무려 재어둔 다음, 물기가 생기면 불에 조리듯 끓여내어 만든 것.

으로 변주한다. 또 모나카를 사용하기도 하고 규히로 크림이나 아이스크림을 감싸기도 하는 등 셰프만의 방식으로 자유로운 시도와 표현을 한다. 어느 때는 교토의 명물인 나마후*를 사용해서 브라우니풍으로 내놓기도 하고, 또 어떤 때는 오렌지를 이용한 미즈만주나 초콜릿 요캉, 와인과 한천을 이용한 와인 요캉 등 흔치 않은 것들을 만들어내 보고 먹는 재미를 가득 준다.

거기에 프랑스에서 갈고 닦은 수준급의 크림과 머랭과의 데코레이션, 그리고 매 플레이트마다 빠지지 않는 입에서 부드럽게 녹는 아이스크림도 일품이다. 확실히 이번에 먹은 것도 막걸리 같은 맛의 아마자케가 들어간 다소 독특한 아이스크림이었는데, 여느 아이스크림보다 실키하고 섬세해 입안에 녹아드는 감촉이 부드럽기 그지없었다. 이제까지 와산봉, 흑설탕, 팥맛 아이스크림 등이 있었다는데, 하나같이 혀에 닿는 감촉부터 시중의 아이스크림과 비교를 거부하는 수준이다. 디저트를 먹고 탄성을 지르기는 오랜만이었다.

마침 점원이 옆의 테이블을 정리하고 있길래 "이렇게 주문하면 만들어주는 디저트는 처음 먹어봐요" 하고 말을 걸었다. 그러자 남자 점원이 오너의 철학을 조곤조곤 설명해주었다.

"후지타 씨가 원래 프렌치 레스토랑에서 일했던 만큼, 과자를 만들어 바로 내놓고 눈 앞에서 손님이 드시는 모습을 보는 걸 보람있게 느끼세요. 지금 손님들께서 이야기해주신 것처럼 손님의 감상을 바로 듣는 게

---

* 나마후(生麩): 밀가루를 치댄 후 생긴 글루텐을 전분을 제거한 후 삶거나 쪄서 만든 것.

좋아서 이 카페를 열기도 했고요."

그러자 언니가 아무리 레스토랑의 파티시에를 한 경험과 화과자집에서 일한 경험이 있더라도 이렇게 독특한 구성과 감각적인 플레이팅은 아무나 하지 못할 것이라며, 비결을 알려줄 수 있냐고 물었다. 점원이 "음… 물어볼게요" 하고 후지타 씨가 작업하고 있는 주방 뒤로 사라지더니 잠시 후 나와서 말했다. "대회에 참가하면서부터래요. 예를 들어 '봄', '바람' 등 간단하게 주제 단어만 주어지는 대회에 참가하며 자연스럽게 공부하게 되었다고 해요."

평행봉 위를 걷는 만능재주꾼의 묘기처럼

〈카시야〉의 철학은 즉석 주문에 있다지만, 포장 과자라고 허투루 하지 않을 거란 믿음이 있었다. 집에 돌아와 '화이트모치(ホワイトもち)'와 '초코모치(チョコもち)'를 조심스럽게 꺼냈다. 말랑말랑한 촉감이 꼭 마시멜로를 연상케 했다. 화이트모치는 바닐라향이 나고 바닐라 빈이 보이기도 하며, 초코모치는 겉에 묻은 카카오 파우더가 깊은 향을 뿜어내고 있었다. 화이트모치를 먼저 입에 넣으니 말랑말랑 가벼운 식감이 이전에 먹어본 적 없는 모치였다. 그러고는 거짓말처럼 입에서 달콤한 바닐라의 맛만 남긴 채 사라지는 것이 아닌가. 초코모치 또한 생초콜릿 같은 겉모습을 하고 있긴 했지만, 확실히 말랑말랑한 떡과 닮은 식감에 마지막에는 가벼운 스위트 초콜릿향을 입안에 남기며 사라졌다. 이게

1. 초코모치チョコもち

2. 화이트모치ホワイトもち

3. 휴우가나츠의 우이로日向夏のういろう: 흰 앙금과
   감귤류인 휴우가나츠의 젤리가 들어 있다.

센차 롤 케이크煎茶のロールケーキ

교토에 디저트 먹으러 갑니다

모치인지 마시멜로인지 분간이 안 갔다.

내친 김에 냉장고에서 '센차 롤 케이크(煎茶のロールケーキ)'도 꺼냈다.
빨간 딸기가 박혀 있는 선명한 그린 컬러의 롤이 식욕을 자극했다. 한
조각을 자르려 칼을 넣으면서 이미 이것이 부드럽고 촉촉한 롤 케이크
라는 사실을 눈치채버렸다. 플레인에 들어 있는 흰 앙금은 없었지만, 대
신 하얗고 진한 우유맛 생크림이 듬뿍 들어 있었다. 그리고 맛을 보니
여느 맛차 롤 케이크보다 연한 차의 맛이 촉촉한 시트에서 배어 나오
고, 상큼한 딸기와 무겁지 않은 생크림이 너무나 잘 어울렸다.

한 조각만 먹으려 했는데 이미 내 손은 두 번째 조각을 자르려고 칼
을 잡고 있었다. "못하는 게 뭐람." 고등학교 때 공부든 운동이든 다 잘
하는 친구를 질투 어린 시선으로 바라보며 이렇게 말하고들 했었는데,
그 기분이 참 오랜만에 들었다. 일본과 프랑스 사이 어딘가에 중심을 두
고 자유자재로 이동하며 균형을 이루는 그녀의 디저트를 보면, 좁다란
평행봉 위를 척척 걸어가는 만능재주꾼의 뒷모습이 떠오르는 것이다.

ABOUT STORE

add	京都府京都市左京区吉永町270-3
way to	게이한열차(京阪電車) 게이한본선(京阪本線) 또는 지하철 도자이선(東西線)의 산조역(三条駅) 11번 출구에서 도보 7분. 11번 출구로 나와 350미터 정도 직진해 오른쪽으로 나 있는 니조도오리(二条通)로 우회전하고, 반대편으로 길을 건너 길을 따라 240미터(3분) 정도 더 가면 왼편에 보인다.
tel	075-708-5244
time	평일 11:00~18:30 주말, 공휴일 11:00~19:30
closing day	화요일(그 외 부정기 휴일 있음)

카시야

chapter.5
교토의 또 다른 얼굴, 고품격 초콜릿의 세계
京都のスイーツ&パン

2013년 11월 도쿄의 오모테산도에 〈막스 브레너(Max Brenner)〉가 처음 상륙하며 젊은 여자 손님들로 엄청난 행렬을 만들었다.

그때 그 줄지어 선 많은 손님들이 하나같이 주문하던 것이 있었는데, 바로 피자 위에 초콜릿과 마시멜로가 올려진 초콜릿 청크 피자였다.

듬뿍 발려 있는 진한 초콜릿 소스 위에 말랑말랑한 마시멜로를 올려 바삭하게 그을린 그것은 한입 베어 무는 순간 두 손 들고 "USA!" 하고 외치고 싶은 기분이 드는 맛이다.

일본 홋카이도의 유명한 초콜릿 브랜드 '로이즈(ROYCE')'가 한국에도 지점이 생기는 등 인기를 끌고 있지만, 아직까지 달콤한 초콜릿을 입 주위에 듬뿍 묻히고 'JAPAN' 혹은 'KYOTO'를 떠올리기란 쉽지 않다.

하지만 지금부터 소개하는 두 가게에 들러본다면 생각이 바뀔 것이다.

한곳은 교토에 만약 '찰리와 초콜릿 공장'이 숨어 있다면 이런 곳이 아닐까 생각하게 되는 곳이고, 또 다른 한곳은 교토 출신의 쇼콜라티에가 이등변 삼각형 형태의 작은 '봉봉쇼콜라'에 교토의 세계관을 담아낸 곳이다. 두 곳의 공통점은 둘 다 디저트를 맛보는 동안 하나의 디저트쇼를 보는 것 같은 느낌을 준다는 것이다.

당신은 마치 커다란 돌고래의 매끈한 몸체가 차가운 물 표면에 닿으며 일으키는 파도를 뒤집어쓰듯이, 교토스러움이 묻어나는 섬세하고 깊은 맛과 그 현장감 넘치는 퍼포먼스에 흠뻑 젖어 매료된 채로 가게를 나서리라. 그리고 이제는 초콜릿을 머금으면 교토가 떠오를 것이다.

이런 교토만의 초콜릿, 디저트를 한껏 느낄 수 있는 곳으로 선별하였다. 책장을 넘기면 '9와 4분의 3 정거장'으로 들어가서 마법의 세계를 처음 마주한 해리포터의 마음이 이해될 것이다. 또 다른 초콜릿의 세계로 초대한다.

　　　　교토의 또 다른 얼굴, 고품격 초콜릿의 세계

아산브라쥬 카키모토

진정한 어른들을 위한 디저트

경계 없는 맛과 맛의 조합이 있는 곳

개인적으로 좋아하는 교토의 거리 중 하나가 데라마치도오리(寺町通り)
이다. 전통 가옥에 외국인 관광객들로 북적거리는 상점들이 늘어서 있
는 하나미코지와는 달리 이 거리에는 300년의 역사를 가진 차 전문점
〈잇포도차호(一保堂茶舖)〉가 있는가 하면, 붓과 화지(和紙) 등을 파는 화
구점, 중고 옷을 취급하는 〈후루기야(古着屋)〉 그리고 일본의 정취가 느
껴지는 갤러리 등이 있다. 소위 말하는 교토 관광지의 느낌과는 조금
달라 이곳에만 가면 시간 가는 줄 모르고 구경을 하게 된다.

이 데라마치도오리의 한 골목에 세련되고 모던한 2층 가옥이 보인
다. 유리문 안으로 들어서면 외관과 마찬가지로 하얀 벽에 심플한 디
자인으로 꾸며져 있다. 왼편에 쇼케이스 두 개가 있는데, 한쪽엔 12종
의 케이크가, 다른 한쪽엔 이등변삼각형 모양의 봉봉쇼콜라가 가지런
히 진열되어 있다. 쇼케이스 뒤쪽에는 은색 연꽃 조형물이 있어, 일본
적이면서도 모던한 이곳의 분위기를 한층 더 살려준다. 구움 과자와 잼
등이 진열된 벽을 지나 좁은 통로를 거쳐 안쪽으로 들어가면, 마치 바
(bar) 같은 L자형 카운터석이 있고 주방의 모습도 엿볼 수 있다. 이곳은
즉석요릿집에서 지금 막 만들어진 요리를 먹듯이, 오너 셰프 가키모토
씨를 비롯한 셰프들이 움직이는 과정을 보며 눈앞에서 조합된 디저트

를 맛볼 수 있는 공간인 것이다.

〈아산브라쥬 카키모토〉의 오너 셰프 가키모토 아키히로(垣本晃宏) 씨는 25세까지 평범한 회사원이었다가 제과를 배우고 싶어 츠지제과전문학교에 입학하며 이 세계에 발을 들였다. 졸업 후에는 교토와 고베의 호텔과 레스토랑에서 경험을 쌓은 후 덴진바시의 인기 제과점, 70년 전통의 교토 제과점에서 셰프 파티시에로 일했다. 그리고 2013년, '월드 초콜릿 마스터즈(World Chocolate Masters)' 일본 대표를 뽑는 대회에서 당당하게 1위를, 파리에서 열린 본 대회에서 이탈리아, 네덜란드, 호주에 이어 4위를 수상하였다. 2016년 마침내 독립하여 자신이 태어나고 자란 교토에 〈아산브라쥬 카키모토〉를 오픈했고 여러 미디어의 주목을 받았다. 화려한 이력이 보여주듯이 '파티시에, 쇼콜라티에(Chocolatier 초콜릿 제조·판매업자), 프렌치 요리사'라는 세 얼굴을 지닌 팔방미인 가키모토 씨는 경계 없는 맛과 맛의 조합을 사랑한다. 가게명의 'ASSEMBLAGES(아산브라쥬)' 또한 맛과 맛의 조합을 와인과 함께 즐겨줬으면 하는 바람에서 지었다고 한다.

생생한 라이브로 디저트를 즐기다

이곳의 디저트를 말하자면, 테이크아웃 가능한 케이크와 이곳에서만 맛볼 수 있는 특별한 디저트로 나눌 수 있다. 후자의 간판 상품이 바로 '테 베루(テ·ベール)'이다. 2016년 갓 오픈한 당시부터 수차례 방송을

아산브라쥬 카키모토

타면서, 이것만 노리고 온 사람들로 인해 조용한 데라마치 거리가 장사진을 이루기도 했다. 나 역시 돔 구장의 천장이 열리듯 초콜릿이 서서히 녹아 떨어지는 TV 속 비주얼에 반한 것을 계기로 이곳에 처음 방문했다.

유명 인사 '테 베루'는 주문하면 셰프가 눈앞에서 만들어준다. 즉 라이브 공연 같은 디저트이다. 투명한 글라스 안에 교토 우지산 맛차를 사용해 만든 스펀지와 생크림, 맛차 초코 스틱과 초코 머랭, 크럼블과 노포 화과자 가게 〈시오요시켄(塩芳軒)〉의 규히 등을 넣고, 스위트 초콜릿으로 뚜껑을 덮은 뒤 간 청유자 껍질을 뿌려 향을 더한다. 옆에는 브라질산 통카 빈*으로 향을 낸 아이스크림이 함께 나온다. 재료들이 준비되면 손님 앞에서 따뜻하게 데운 초콜릿 소스를 초콜릿 뚜껑 위에 뿌려서 초콜릿이 녹아내리는 퍼포먼스를 보여준다. 초콜릿 온도를 조절해 초콜릿이 녹아내리는 속도를 계산하기 때문에 밑 재료들에 초콜릿 비가 내리는 것 같은 쇼를 볼 수 있다. 그리고 이를 취향껏 섞어 먹으면 다양한 식감과 맛의 조화가 폭발하는 것이다.

예를 들면, 진한 맛차향 스펀지와 쌉쌀하고 진한 초콜릿의 조화, 부드러운 생크림과 사각사각 씹히는 머랭과 크럼블의 달콤한 강약, 유자 껍질의 싱그러운 향의 조화가 그러하다. 스파이시한 통카 빈 아이스크림은 먹다가 유리 글라스 안에 넣어 먹어보라고 하는데, 그렇게 먹으면 마치 파르페 같은 또 다른 맛을 느낄 수 있어 질릴 틈이 없다. 이런 정밀

---

* 통카 빈(Tonka bean): 남아메리카산 통카 콩나무의 향기 있는 씨앗으로, 향료 제조용으로 쓴다.

테 베루テ・ベール

한 계산, 일본의 것과 서양의 것이 융합되어 만들어내는 하모니의 체험은 바이올린과 일본의 현악기 샤미센, 목관악기 시노부에와 타악기 북이 만들어내는 절묘한 사중주를 듣는 것에 비견할 만하다.

여기서 어른들만이 누릴 수 있는 특권이 하나 있는데 바로 샴페인이나 위스키, 와인 등 술을 곁들이는 일이다. 요리는 술과의 마리아주(Marriage 음식 궁합)에 따라 그 맛과 향이 달라진다. 파스타를 시키고 어떤 와인이 좋겠냐고 묻는 것처럼 초콜릿 혹은 케이크와 어울리는 술의 조합을 오너 셰프인 가키모토 씨에게 물어보면 된다. 디저트에 꽤 일본적인 요소들이 많아 서양주와 어울릴까 싶겠지만, 스시에 와인을 곁들이고 프렌치 요리에 일본차를 곁들이는 세상이다. 의외의 조합을 찾다 보면 더 폭발적이고 놀라운 조합을 찾아낼 수 있는 것이다. 이런 건 산전수전 겪어본 어른만이 진정으로 즐길 수 있는 놀이 같지 않나. 가격도 어른스러운 고가이지만 잊지 못할 여행에 한 번쯤은 어른스러운 시간을 가져도 좋지 않을까. '여행이니까'라는 좋은 명분은 덤이고 말이다.

디저트의 라이브 퍼포먼스가 재미있지만 가격이 부담스럽다거나 시간적 여유가 없다면 또 다른 매력적인 선택지가 있다. 바로 진열대에 늘어선 케이크들. 이것은 바에서 먹어도 좋고 테이크아웃도 가능하다. 늘어선 12종의 케이크 중 개인적으로 가장 맛있었던 케이크는 '테 오 쇼콜라(テ・オ・ショコラ)'로, 앞서 말한 테 베루처럼 일본적 요소와 서양적 요소를 결합한 초코 케이크이다. 아름다운 초코 글라사쥬* 위에

테 오 쇼콜라 テ・オ・ショコラ

그려진 그린 컬러의 라인이 샤프하다. 외관은 금박을 붙여 세련미를 더했고, 달지 않고 스파이시한 통카 빈을 넣은 초코 무스 안에 진하고 깊은 맛을 내는 맛차 크림과 가벼운 느낌의 바닐라 크림, 촉촉한 맛차 스펀지를 넣었다. 포크를 넣으면 아주 매끄럽게 바닥까지 가는데, 마지막에 살짝 닿는 느낌을 주는 게 초콜릿을 입힌 푀양틴*이다. 맛차와 초콜릿의 조합이라는 두말하면 입 아픈 콤비를 활용한 최강의 케이크라는 생각이 든다. 엄청난 배우 둘을 데려다놓고 용두사미가 된 영화가 있는

---

* 푀양틴(Feuillantine): 얇게 굽는다는 뜻으로 바삭하게 만든 플레이크 같은 프랑스 전통과자를 말한다.

아산브라쥬 카키모토

가 하면, 명콤비의 시너지 작용을 극대화해 걸작을 만들어내기도 하지 않나. 만약 이 케이크가 영화라면 분명 후자일 것이다.

어른답게 초콜릿을 즐기는 방법

인터뷰 중 가키모토 셰프에게 어떤 가게를 만들고 싶으냐고 물었을 때, 그는 약간 부드럽게 처진 눈을 반짝이며 "일본인만이 할 수 있는, 남들이 안 하는 나만이 할 수 있는 것을 하고 싶다"고 다부지게 말했다. '테 베루'도 '테 오 쇼콜라'도 그만의 것이지만, 그의 '봉봉쇼콜라(ボンボンショコラ)'에는 쇼콜라티에이기도 한 그의 면모가 특히 잘 표현되어 있는 것 같다.

교토 우지에서 태어나고 자랐다는 그는 어렸을 때의 경험이나 자신이 먹어봤던 일본요리의 소재 등에서 힌트를 얻어 과자를 만든다고 한다. 일본의 다른 가게에서는 들도 보도 못한 차조기*, 양하**, 일본주 등 일본의 식재료를 사용한 것들이 가득하고, 모양이 원형도 사각형도 아닌 삼각형인데, 이 또한 자신만의 형태를 추구한 그가 교토에 어울리는 모양이라고 생각해서 그렇게 만들었다고 한다. 또한 안에 들어가는 맛에 따라 초콜릿의 표면 처리를 다르게 한 세심한 구석까지 그의 아이덴

---

* 차조기: 꿀풀과의 한해살이풀로 씨와 어린잎은 식용하며 줄기와 잎은 약재로 쓴다.
** 양하: 독특한 향이 나는 채소로 매운 맛은 생강과 비슷하다.

봉봉쇼콜라ボンボンショコラ와 샴페인

묘가 자몽みょうがパンプルムース: 자몽의 향기와 묘가(양하)의 쌉쌀함을 표현한 봉봉쇼콜라. 묘가가 씹히는 게 매력적이다.
니혼슈日本酒: 우메니시키 등의 일본주를 아낌없이 넣어 만든 봉봉쇼콜라.
셀러리セロリ: 파인애플과 강한 향의 셀러리 즙을 넣어 만든 봉봉쇼콜라.
오오바大葉: 향이 좋은 차조기즙을 넣어 만든 봉봉쇼콜라.

티티가 분명히 드러난다.

그는 봉봉쇼콜라 역시 다른 과자들과 마찬가지로 향기가 가장 중요하다고 생각해서 입에 들어갔을 때 순식간에 향기만 남기고 사라져버리는 것을 추구했다고 한다. 실제로 먹어보니 그의 계산은 얄미울 만큼 정확했다. 처음에는 단지 맛있는 초콜릿이었다가 후반에 차조기와 일본주 등 각각의 맛과 향기가 찾아온다. 그리고 초콜릿은 신기하리만큼

아산브라쥬 카키모토

라 폼므ラ・ポンム와 샴페인

홍옥*의 소테**, 아몬드 쿠키, 바닐라 아이스크림이 어우러진 상큼한 사과 파이. 주문 즉시 구워서 나오기 때문에 어느 정도 시간이 소요된다.

---

* 홍옥(紅玉): 사과의 한 품종.
** 소테(Sauté): 버터를 바르고 살짝 튀긴 것.

아산브라쥬 에이 Assemblages a

'월드 초콜릿 마스터즈' 일본 예선에서 셰프에게 우승을 안겨준 케이크. 캐러멜맛 나는 초코 무스와 레몬과 바나나맛 무스, 커피 크림, 초코 스펀지 등으로 층층이 정교하게 구성되어 있다.

아산브라쥬 카키모토アサンブラージュ カキモト

'살롱 듀 쇼콜라(Salon du chocolat)'라는 이벤트에 출품한 케이크로 그의 가게 이름을 그대로 붙였다. 양주의 풍미를 더한 촉촉한 파운드 케이크가 전혀 어울리지 않을 것 같은 앙금과 초코를 잘 받들어주는 의외의 조합.

향기만 남기고 사라지는 것이다. 이제 우리에게는 이 봉봉쇼콜라에 어울리는 술을 곁들이는 일만 남았다. 샴페인, 셰리 와인*, 위스키…. 이 모든 것이 조합될 수 있는 〈아산브라쥬 카키모토〉에서 당신은 어떤 최고의 마리아주를 찾아냈는가?

---

* 셰리 와인(Sherry Wine): 주로 식전 와인으로 이용되는 스페인 와인으로, 발효가 끝난 와인에 브랜디를 첨가해 알코올 도수를 높인 것이다.

ABOUT STORE

add	京都府京都市中京区竹屋町通寺町西入ル松本町587-5
way to	게이한열차(京阪電車) 오토선(鴨東線) 진구마루타마치역(神宮丸太町駅) 1번 출구에서 도보 8분. 진구마루타마치역 1번 출구로 나와서 다리를 건넌 후 사거리를 지나 직진하다 보면 왼편에 갤러리 토모(ギャラリー知)가 보이는데, 지나자마자 좌회전해서 걷다가 프랑스 레스토랑 신(信)이 보이면 그 옆 골목으로 들어간다. 40미터 가면 왼편에 보인다.
tel	075-202-1351
time	카페 12:00~17:30
	매장 12:00~19:00
	디너 18:00~23:00(Last order 21:00, 예약제)
closing day	화요일, 2·4번째 수요일
homepage	http://assemblages.jp/

쇼콜라 베르 아메르

교토의 초콜릿 천국은 이곳

꿈의 초콜릿 공장이 일본에 있다면

일본인의 정서와 미각에 맞는 초콜릿, 화과자처럼 사계절을 담은 초콜릿 만들기를 표방하며 도쿄에 창업한 〈쇼콜라 베르 아메르〉가 2015년 교토에 낸 지점이 바로 이곳 〈쇼콜라 베르 아메르〉 교토 별저이다. 영화 「찰리와 초콜릿 공장」 속 윌리 윙카의 꿈의 초콜릿 공장이 일본에 있다면 이런 느낌일까 싶은 곳이다. 그럼 지금부터 교토의 꿈의 초콜릿 매장으로 안내하도록 하겠다.

교토 가라스마오이케역(烏丸御池駅)에서 도보 4분이면 'Chocolat BER AMER(쇼콜라 베르 아메르)'라고 적힌 노렌이 보인다. 교토의 초콜릿 천국으로 가는 길은 의외로 가깝다. 게다가 고작 다섯 명만이 당첨되는 행운의 황금 티켓도 필요 없다. 산조도오리(三条通)의 오래된 목조 가옥을 개조해서 오픈한 이곳은 기와가 덮여 있는 지붕과 빨간 노렌이 인상적이다. 대문으로 들어가면 짧은 돌바닥 통로를 지나 매장 안에 입장할 수 있는데, 짙은 색의 나무 기둥들이 곳곳에 서 있어 교토의 옛 정취를 충분히 느낄 수 있으면서 모던하고 정갈한 모습이다. 매장 내부에는 컬러풀하고 셀 수 없이 많은 종류의 초콜릿과 미니 케이크, 구움 과자 등이 진열되어 있어 어디다 눈을 둬야 좋을지 모를 정도이다. 벌써 이곳을 몇 번이나 방문했지만, 이곳에 들어서면 어느 정도 살 것을 정해서 들어가더라도 항상 초콜릿들 사이에서 행복한 방황을 하게 된다.

〈쇼콜라 베르 아메르〉는 백화점을 포함해 전국적으로 지점이 있지만 그중에서도 이곳 교토 별저는 공간이 넓은 데다 매력적인 한정 상품이 많다. 그 예가 '미즈호노시즈쿠(瑞穂のしずく)'이다. 이것은 작은 정사각형 초콜릿 안에 교토에서 재배한 술과 차, 과일 등을 이용해 만든 쥬레(Gelée 젤리)를 담은 것이다. 예를 들면, '교토 니혼슈(京都日本酒)'는 교토를 대표하는 양조장의 술에 초콜릿(비터·밀크·화이트)을 조합해 만들어낸 것이다. '국산차(国産茶)'는 차의 산지로 유명한 교토와 시즈오카 등에서 나는 명차의 쥬레를 각각의 초콜릿과 조합한 것으로, 기존의 차 초콜릿과 달리 차 자체의 맛은 물론 향까지 담았다. 그리고 '국산 후르츠(国産フルーツ)'는 서양배, 딸기, 망고, 감 각각의 쥬레를 과일에 어울리는 초콜릿과 결합시켜 만든 것으로 전체적으로 달콤한 편이다. 밀크 초콜릿과 호지차 쥬레가 어우러진 '호지차(ほうじ茶)'는 달콤한 밀크 초콜릿에 구수한 향이 살아 있는 호자차 쥬레가 더해져 깊이를 더한다. 참고로 이것들은 단품으로는 판매되지 않고 5종씩 판매되고 있다.

미니 아이스바를 연상시키는 15종의 '스틱쇼콜라(スティックショコラ)'는 초콜릿이 막대에 꽂혀 있는 길고 네모난 모양으로, 표면의 무늬와 장식이 화려하며 귀엽고 섬세할 뿐만 아니라 쿠키, 크런치, 플레이크, 넛츠, 드라이 후르츠, 캔디 등 서로 다른 식감을 가진 재료를 사용해 작지만 알찬 구성을 자랑한다. '캐러멜 살레(Caramel Salé)'는 동양적인 느낌이 물씬 나는 한 폭의 그림 같은 초콜릿으로, 소금으로 포인트를 준 부드럽고 짭조름한 밀크캐러멜에 바삭한 비스킷과 고소한 아몬드, 톡톡 씹히는 초

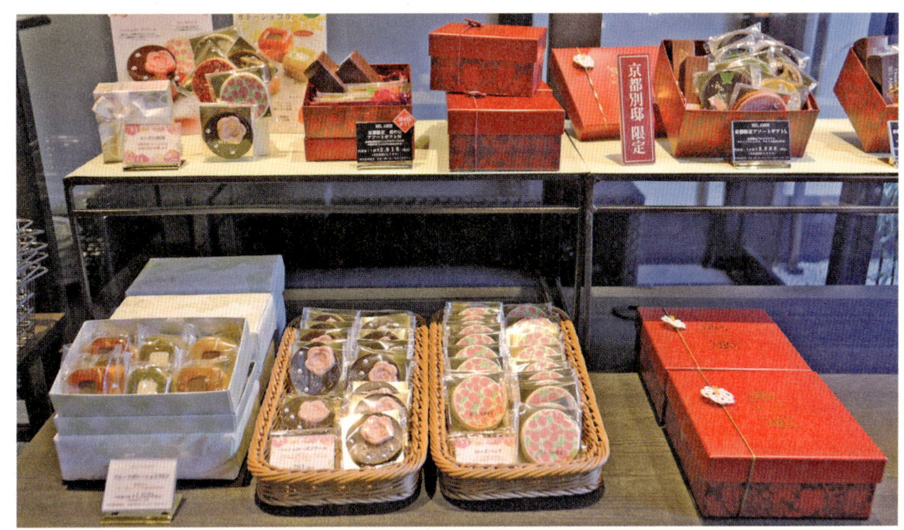

미즈호노시즈쿠瑞穂のしずく

스틱쇼콜라スティックショコラ

코 팝을 더해 눈과 귀가 즐거운 초콜릿이다. '흑설탕 & 콩가루'는 흑설탕 특유의 감칠맛이 잘 표현된 밀크 초콜릿에 달콤 고소한 아몬드와 콘플레이크가 씹혀 일본과 서양의 맛이 공존한다. 모두 감각적이고 세련된 패키지에 낱개로도 판매하고 있기 때문에 선물용으로도 매우 좋다. 나도 한국에 들어올 때마다 이 스틱쇼콜라를 많이 선물했는데, 열이면 열

쇼콜라 베르 아메르

폭발적인 반응이었다. "이걸 아까워서 어떻게 먹니"라는 말과 함께 처음에는 먹기를 주저하지만, 한입 먹고 나면 없어지는 건 순식간이다.

그리고 〈쇼콜라 베르 아메르〉의 간판 상품인 '파레쇼콜라(パレショコラ)'는 6센티미터의 원형 초콜릿 위를 여러 가지 소재와 맛으로 장식한 판 초콜릿이다. 교토의 오래된 차 전문점 〈코야마엔(京都小山園)〉의 맛차와 화이트 초콜릿의 아름다운 마블 '맛차브랑(抹茶ブラン)', 유자향을 담은 화이트 초콜릿과 감성적인 종이학 모양의 콜라보 '교토유자(京都柚子)', 교토의 일본주 타마노히카리의 쥬레를 넣은 비터 초콜릿 '타마노히카리(玉乃光)', 카카오 61퍼센트의 진한 초콜릿에 교토를 이미지화한 디자인이 한 폭의 그림 같은 '교토비터(京都ビター)', 단바 검은콩 키나코를 넣은 구수한 캐러멜 초콜릿 위에 넛츠와 드라이 후르츠를 장식한 '만디안 검은콩 키나코(マンディアン黒豆きなこ)'까지 셀 수 없이 많은 종류가 있다. 기왕이면 교토 한정 초콜릿을 사는 것이 좋겠지만, 그러기에는 매력적인 선택지가 너무나 많을 것이다. 다만 가격이 착하지 않기 때문에 정신을 차리고 골라야 한다.

이곳은 초콜릿 전문점에서 빼놓을 수 없는 '봉봉쇼콜라(ボンボンショコラ)'의 종류 역시 다양하다. 그중 교토 〈코야마엔〉의 맛차를 넣은 화이트 초코 가나슈*인 '맛차 트뤼플(抹茶トリュフ)'과 교토의 흰 된장과 아몬드 프라리네**를 섞어 만든 '흰 된장 프라리네(白味噌プラリネ)'가

---

* 가나슈(Ganache): 초콜릿을 녹여 생크림과 섞어서 만든 초콜릿.
** 프라리네(Praliné): 로스팅한 넛츠에 설탕을 넣어 캐러멜화 시킨 페이스트.

1. 봉봉쇼콜라ボンボンショコラ
2. 파레쇼콜라パレショコラ

쇼콜라 베르 아메르

쿄마차수플레 京抹茶のスフレ

갓 구워져 뜨끈뜨끈 폭신폭신한 맛차 수플레 케이크에 슈거 파우더가 뿌려져 있고, 윌리 웡카의 초콜릿 공장의 폭포
에서 흐르는 초콜릿 원액 같은 진한 소스와 바닐라 아이스크림이 같이 나오는 플레이트이다. 수플레 위에 따뜻한 초
코 소스를 부으면 용암이 흐르듯 수플레 케이크에 구멍이 뚫리면서 케이크 스펀지에 퍼지며, 같이 나온 바닐라 아이
스를 얹어 먹으면 따뜻한 맛차 스펀지와의 온도차로 아이스크림이 녹아내려 한층 더 부드럽고 달콤해진다.

국산 딸기와 쇼콜라의 밀푀유
国産苺とショコラのミルフィーユ

주문 후 스태프가 눈앞에서 능숙하게
펼치는 화려한 퍼포먼스를 볼 수 있
으며, −196℃에서 갓 만들어진 생딸
기와 화이트 초콜릿의 밀키한 아이스
크림을 밀푀유와 함께 즐길 수 있다.

교토에 디저트 먹으러 갑니다

인기인데, '흰 된장 프라리네'는 달콤한 꿀향과 고소한 깨가 악센트가 되며 입안에 부드럽게 감긴다. 개인적으로 특히 맛있었던 것은 하얀 돔 형의 '니혼슈(日本酒)'로, 화이트 초콜릿에 담긴 니혼슈가 달콤한 산미와 함께 코를 빠져나가는 풍미가 일품이었다.

이곳에서 초콜릿을 고르며 헤매다 보면 갈색 나무 기둥이 초콜릿 폭포로 보이고, 어디선가 쾌활한 움파룸파족들이 나타나 거대한 초콜릿 진열대에서 삽질을 하거나, 초콜릿을 꺼내는 직원들의 손이 마시멜로처럼 보이는 착각이 들지도 모른다. 하지만 아쉽게도 이곳은 현실이라 욕심껏 먹고 싶은 것을 모두 골랐다가는 일본 여행에 필수인 현금이 바닥을 보일지도 모르겠다. 맛은 물론 새로운 발상이 넘치고, 귀엽고 감각적인 디자인에서 오는 보는 즐거움까지 갖춘 이곳의 초콜릿을 맛보면, 디저트에 대한 참신한 아이디어는 물론이고 일본에서만 만날 수 있는 초콜릿의 또 다른 얼굴을 발견할 수 있지 않을까.

ABOUT STORE

add	京都府京都市中京区三条通堺町東入ル北側桝屋町66
way to	지하철 가라스마선(烏丸線) 가라스마오이케역(烏丸御池駅) 5번 출구에서 도보 4분. 가라스마오이케역 3-1번 출구로 나와 300미터 직진하고, 훼미리마트가 보이면 그 안쪽의 사카이마치도오리(堺町通)로 우회전해서 200미터 가고 좌회전하면 보인다.
tel	075-221-7025
time	10:00~20:00
closing day	부정기
homepage	http://www.belamer-kyoto.jp/

쇼콜라 베르 아메르

chapter.6
클래식한 교토의
클래식한 프랑스 디저트
京都のスイーツ&パン

일본의 역사 깊은 화과자 가게 중 하나로 요캉이 유명한 〈토라야(虎屋)〉가 있다. 이 〈토라야〉는 화과자를 해외에 알리고 싶다는 신념 하나로 프랑스 파리에 점포를 내어, 새롭고 도전적인 시도를 거듭하며 올해로 38주년을 맞이했다. 프랑스 여행 중 호기심에 〈토라야〉 파리점을 찾은 적이 있는데, 서양적인 요소를 가미한 파리점 한정 요캉도 있긴 했지만, 프랑스가 아니라 일본이라는 착각이 들 정도로 손님 외의 모든 것이 일본 그대로였다. 당시 나는 화과자에는 조금도 관심이 없었지만, 이렇게 식문화에 대단한 고집을 가진 프랑스라는 나라에서 당당하게 자신들의 전통 화과자를 선보이는 일본인의 자부심과 도전 정신에 감탄하기도 했다.

이와는 반대로 일본에서 가장 클래식한 도시라는 교토에서 제대로 된 클래식한 프랑스 과자를 만날 수 있는 곳이 이번에 소개할 파티스리들이다. 각 가게마다 확고한 신념으로 일절 타협 없는 전통 프랑스 과자를 선보이고 있다. 일본은 한국보다 프랑스 과자의 역사가 길고, 일본인 특유의 탐구심과 연구력으로 그 레벨도 상당하다. 게다가 우리네 입맛에는 눈이 번쩍 뜨일 정도로 달콤한 프랑스 과자에 비해, 일본인 취향에 맞게 조절된 당도와 극도로 부드러운 텍스처는 오히려 본토 프랑스 과자보다 맛있게 느껴질 수도 있다. 특히 최근에는 프랑스 전통 과자를 선보이면서도 참신한 아이디어와 기술을 더해 셰프의 오리지널리티를 강조하는 파티스리들도 많아지고 있어, 교토의 먹을거리는 무조건 일본다운 것이라는 공식을 깨고 있다.

여행은 일탈이다. 너무나 당연한 것들로 소중한 여행의 하루하루를 채우는 것보다 다소 독특한 시도로 기억에 남는 추억을 만드는 것이 중요하다. 교토 하나미코지 거리에서 렌탈 기모노를 입고 틀에 박힌 설정 사진을 찍는 것보다, 뉴욕 거리 한복판을 미니 사이즈 기모노를 입고 활보하는 편이 더 오래도록 기억에 남지 않을까. 색채 대비로 느낄 수 있는 효과처럼 기분 좋은 자극은 여행을 더 풍부하게 해주며 그 공간과 시간을 온전히 나만의 것으로 만들어줄 것이다.

클래식한 교토의 클래식한 프랑스 디저트

아그레아브루

남성적인 로맨틱함을 보여주는 프랑스 양과자점

화과자집 아들로 태어나 양과자의 길을 걷다

〈아그레아브루〉의 가토 아키오(加藤晃生) 씨와의 첫 만남은 단풍이 물들기 시작할 무렵, 츠지제과전문학교 양과자 이론수업의 외부강사 수업에서였다. 츠지의 외부강사 수업은 유명 셰프들이 자신들의 노하우를 가득 담은 현장감 넘치는 시연과 함께 실제 현장에서의 에피소드, 그리고 지금의 자리에 있기까지 걸어온 길의 이야기를 들려주는 귀중한 시간이다. 실제 가게의 레시피를 베이스로 하여 알려주는 데다 각 가게의 현장 분위기 등을 짐작할 수 있기 때문에 앞으로 취직을 준비하는 학생들에게 매번 주목받는 수업이었다. 게다가 한 교실에 30여 명 중 90퍼센트 정도가 양과자 부문을 희망하는 만큼 양과자점 셰프의 수업은 꽃 중의 꽃이었다.

개봉을 앞둔 영화의 배우 무대인사라도 보듯 모두들 교단에 집중해 있을 때였다. 큰 키에 부드럽고 강한 선에 시원시원한 이목구비를 한 그가 교실로 들어섰다. 보통 수업 시작 전에 보조강사들이 재료며 도구를 준비해주는데, 그는 그것들을 특유의 빠르고 시원스러운 손놀림으로 보조강사들은 비키라는 듯 스스로 준비했다. 처음 보는 그에게서는 무언가 독특한 아우라가 뿜어져 나오는 것 같았다. 언제나 그랬듯 여러 장의 레시피 프린트가 내 앞에 쌓이기 시작했다. 예전부터 강사를 맡아줄 것을 부탁해왔지만 매번 거절당해 이후 세 번이나 교토에 있는 가토 씨의 가게를 방문해 간신히 섭외에 성공했다는 요시무라 선생님의 소개로 수업이 시작되었다. 그리고 누군가를 가르쳐본 적이 없어서 수업을 망설이게 되었다는 그의 말이 무색하리만큼 수업은 자연스럽고 빠르게 진행되었다. 그는 준비된 머랭에 체 쳐놓은 밀가루와 코코아 파우더를 섞으면서 말했다.

"나는 교토의 〈혼타치바나(本たちばな)〉라는 화과자집의 아들로 태어났지만 양과자 쪽에 더 흥미가 있었지. 다행히 장남이 아니었기 때문에 내가 하고 싶었던 양과자의 길을 걸을 수가 있었어."

그리고 자연스럽게 한 손으로 냉장고에서 준비된 생크림을 꺼냈다.

"고베의 유명 양과자점 〈앙리 샤루판티에(HENRI CHARPENTIER)〉에서 5년 정도 일하며 기술도 제법 터득하고 후배들도 꽤 생기고 안정되어갈 때쯤 문득 '여기서 안주해도 되는가'라는 의문이 들기 시작한 거야."

그는 프랑스 프로방스산 꿀을 넣은 캐러멜 무스를 만들며 말했다. 순식간에 달콤한 캐러멜향이 교실을 뒤덮었다.

"그래서 단칼에 그곳을 그만두고 프랑스로 갔어."

내 옆자리의 핫시가 지금부터 본격적인 영화가 시작되었다는 듯 더 바싹 다가와 앉았다.

"돈도 비자도 언어도 아무런 대책 없이 간 거라 프랑스에서 추방당할 위기에까지 놓인 적도 있어."

그는 자신의 대단한 이야기를 마치 어제 뉴스에서 본 이야기처럼 덤

덤하게 말했다.

"그때 하늘이 도왔는지, 내 열의를 높이 사준 분을 만나서 프랑스 양과자점에서 일할 수 있게 된 거야. 〈라 뷔에이유 프랑스(LA VIEILLE FRANCE)〉와 〈제라루 뮤로(GERARD MUROT)〉 말이야."

생소한 프랑스어 가게 이름을 메모해가면서도 눈을 떼는 학생은 단 한 명도 없었다.

잊을 수 없는 '기분 좋은' 케이크의 맛

"인기 양과자점 〈제라루 뮤로〉에서 일할 당시 틈이 날 때마다 나만의 케이크를 만들려고 수십 번의 시행착오를 겪어서 완성한 것이 바로 지금 만들고 있는 이거야. '아그레아브루'."

그는 익숙한 손놀림으로 우유에 홍차 엑기스와 얼그레이를 넣고 저어가며 쉬지 않고 말을 이어나갔다.

"함께 일하던 스태프들도 시식을 했는데, 다들 좋은 반응이었어."

그리고 급속 냉동고에 얼그레이향을 가미한 밀크초코 무스를 넣자, 카카오향이 가득한 쇼콜라 비스퀴*가 막 구워졌음을 알리는 타이머가 울렸다.

교실 안의 모든 타이머와 시계바늘이 쉬지 않고 일제히 그의 움직임

---

* 파트 아 비스퀴(Pâte à biscuit): 흰자와 노른자를 따로 거품내서 만드는 스펀지의 일종.

아그레아브루

에 맞춰 움직이는 듯했다. 그 뒤로 그는 프랑스 수행을 마치고 일본으로 돌아와 도쿄와 지바, 에히메 등의 가게에서 일했지만 그 뒤로 슬럼프에 빠지게 된 이야기, 지금의 부인 가오루(薫) 씨를 만나 그녀의 전폭적인 지원과 응원으로 자신의 고향인 교토로 돌아와 〈아그레아브루〉를 오픈하게 된 이야기 등을 들려주었다. 학생들도 한 편의 영화 같은 이야기를 듣는 동시에 그가 시연하는 케이크의 레시피를 확인하며 메모하는 등 바쁘게 손을 움직였다. 그는 '아그레아브루'의 바닥 부분에 쓰일 죠콘드* 스펀지를 자르고 나서 바로 양주에 절인 드라이 후르츠를 듬뿍 넣은 케이크인 '케쿠 오 후류이(ケック・オ・フリュイ)'를 만들기 위해 달걀을 기계에 넣고 돌리기 시작했다. 가토 씨의 머릿속에는 아마 이 몇 가지 케이크의 레시피가 동시다발적으로 움직이고 있었을 것이다.

그리고 그는 일을 하는 데 있어 우선순위를 두고 일을 진행해야 하며, 그 절차의 중요성에 대해서도 강조하였다. 옆자리의 핫시는 고개를 끄덕이며 프린트에 '일의 절차'라고 쓰고는 몇 번이나 선을 그었다. 그도 그럴 것이 과연 교실 안의 모든 타임을 초 단위로 손에 쥐고 있는 듯한 그가 말하는 '일의 절차'에 대한 설득력은 굉장했다. 그는 몇 번이나 강의 부탁을 거절하다 승낙한 이유에 대해, 자신과 같이 평범한 사람도 꿈을 좇아서 묵묵히 나아가다 보면 언젠가 꿈이 이루어지는 날이 있다는 것을 알려주고 싶어서라고 말했다. 다들 과거의 그를 알지 못하니

---

* 파트 아 비스퀴 죠콘드(Pâte à biscuit Joconde): 일반 케이크에 사용되는 스펀지를 만들 때 들어가는 밀가루의 대부분을 아몬드가루로 넣어 만드는 생지로, 촉촉하고 부드러우면서 구수한 아몬드향이 난다.

가토 아키오(加藤晃生) **씨 부부와 가게 내부**

2013년 4월 교토 나카교구 에비스가와도오리의 오래
된 주택가에 오픈한 프랑스 과자점 〈아그레아브루〉. 프
랑스에 가서 현지 과자를 먹어본 사람에게는 추억의
맛을 재현해주고, 프랑스에 가보지 못한 사람들에게는
프랑스 과자란 이런 것이라고 맛을 보게 해주는 철저
한 프랑스 과자를 추구하고 있다. 가게의 이름과 같은
스페샤리테 '아그레아브루'를 중심으로 다양한 케이크
들과 수제 잼이 20여 종 가까이 판매되고 있는데, 특히
부인 가오루 씨의 고향인 에히메현에서 받는 감귤류로
만든 잼이 인기이다.

그가 정말로 '평범함'의 범주에 있던 사람이었는지는 알 길이 없지만 말이다. 마지막으로 죠콘드 스펀지에 코냑을 넣은 시럽을 앙비바쥬*하고 무스에 덮은 후 비터 초콜릿을 글라사쥬하는 과정을 마치고, 보조강사가 '아그레아브루'를 잘라 시식용으로 나누어주었다.

'이게 바로 그 아그레아브루란 말이지' 하며 내 앞에 놓인 케이크 조각을 시식용 포크로 한입 떴다. 분명 포크 끝이 물체에 닿았다는 느낌도 없었는데, 그 위에는 어느새 초콜릿 무스가 얹혀 있었다. 입에 넣으니 얼그레이 향의 밀크 초코와 묵직하고 진한 초콜릿이 입안 가득 퍼져 콧속으로 향이 통과하는 느낌이 났다. 그리고 헤이즐넛의 고소한 향과 고급스러운 양주의 향을 머금은 스펀지, 내추럴한 단맛이 깊이 있는 캐러멜 무스, 이 모든 것을 기품 있게 감싸주는 비터 초콜릿의 안정감까지. 마치 케이크 하나로 넓고 다부진 어깨를 가진 남자에게 낮은 톤의 목소리로 프러포즈라도 받은 듯한 느낌이었다. '아~ 이 행복함 뒤에 느껴지는 평화로움….' 이 케이크가 가게 이름과 같은 '아그레아브루(agréable 기분 좋음, 쾌적함)'인 이유를 알 수 있을 것만 같았다. 이렇게 그의 케이크는 기대에 부풀었던 학생들 모두를 한 치의 오차도 없이 완벽히 매료시키기에 충분했고, 개인적으로는 학교를 졸업할 때까지 그어떤 외부강사 수업의 케이크도 그의 초코 무스 케이크 '아그레아브루'에 대적할 만한 것이 없었다.

---

* 앙비바쥬(Imbibage): 스펀지 등을 시럽이나 양주 등으로 적시는 것.

단풍 아래 디저트와 함께 신선놀음을

새빨간 단풍이 절정에 이를 무렵, 나는 혼자서 교토로 가는 지하철을 탔다. 물론 교토 나카교구(中京区) 에비스가와도오리(夷川通)에 있는 그의 가게에 들르기 위함이었다. 파리의 오래된 과자점 〈스토레(Stohrer)〉를 연상시키는 노란색 외관의 가게 내부로 들어선 나는 케이크와 구움 과자를 몇 개 골라 놓고, 대뜸 그의 부인 가오루 씨에게 작업하는 주방을 보고 싶다고 했다. 부인이 그에게 나의 부탁을 전달하자 그는 다짜고짜 주방을 보여달라는 외국인 학생에게 다소 놀란 듯 보였지만, 이내 주방으로 안내해주며 효율적인 동선으로 작업하기 쉽게 구성된 주방도구며 구석구석 정리된 재료들까지 보여주었다. 그런데 주방을 나오려는 순간 '왜 주방에 아무도 없지?'라는 생각이 스쳤다. 확실히 주방에는 그

외 단 한 명의 스태프도 존재하지 않았다. 나중에 알고 보니 그는 쇼케이스에 늘어선 그 많은 케이크와 구움 과자, 잼들을 혼자서 만들어왔던 것이다. 〈제라루 뮤로〉에서 오랫동안 오븐을 담당해 특히 구움 과자에는 자신이 있는 그인 것은 알고 있었지만 이 정도일 줄이야.

케이크가 담긴 봉지를 소중히 안고서 단풍이 절정인 오카자키 공원(岡崎公園)으로 가서 적당한 벤치를 찾아 걸터앉았다. 평소 단풍을 구경하러 온 사람들로 붐비는 오카자키 공원이었지만, 그날 저녁 비가 온다는 일기예보 때문인지 단풍 시즌 치고 사람들은 그렇게 많지 않았다. 오는 길에 사온 따뜻한 아메리카노를 벤치에 달린 조그만 선반 같은 테이블에 놓고, 포장해온 케이크 상자를 열었다. 그의 부인이 정성스럽게 포장해준 케이크들이 보냉제와 함께 무사히 자리를 지키고 있었다.

'아, 크로와상부터 먹을까?' 하고 케이크 상자는 닫고 종이봉투를 열었다. 고소한 버터향을 뿜어내며 보기만 해도 바삭해 보이는 커다란 '크로와상'은 5년 전 갔던 프랑스 〈로렌뒤센(Laurent Duchêne)〉에서 먹은 크로와상을 연상시켰다. 한입 베어 무니, 옆의 벤치에 앉아 있던 커플이 순간적으로 이쪽을 보는 느낌이 났다. 모처럼 혼자서 단풍을 즐기며 티타임을 즐기기로 했으니 무시하기로 했다. 겉은 다소 바삭하고 안은 진하고 밀키한 버터향이 나며 쫄깃한 느낌이었다. 씹을수록 맛이 짙어지며 입안에서 점점 사라지는 것이 아쉬울 정도로 감칠맛이 진하게 남았다. 과연 프랑스 파리 〈제라루 뮤로〉에서 매일같이 하루 1,000개의 빵을 구워냈었다는 가토 씨답게 여느 프랑스빵 전문점 못지않은 퀄리티이다.

1. 케쿠 오 후류이 ケック・オ・フリュイ
2. 피낭시에 피스타슈* フィナンシェ ピスターシュ
3. 초콜릿 에클레르 エクレール・オ・ショコラ
   (겨울 한정)

———

* 피스타슈(Pistache): 피스타치오 열매.

가을의 스페샬리테 로톤누 ロートンヌ

아그레아브루

이어서 수업시간에도 맛보았던 '케쿠 오 후류이(ケック・オ・フリュイ)'를 꺼냈다. 버터의 향과 계란의 향이 진하게 느껴지는 촉촉한 파운드 생지에 3개월에서 반년 정도 럼주에 절인 건자두, 무화과, 건포도가 아낌없이 들어 있는 파운드 케이크였다. 파운드 케이크는 단풍 속에서 럼주에 취하듯 먹어야 제맛인 것 같다는 결론을 지으며 다시 케이크 상자를 열었다.

나름대로 기승전결을 생각하며 '아그레아브루(アグレアーブル)'에게는 가장 마지막 번호표를 주고 따뜻한 커피를 한 모금 마셨다. 그리고 첫 번째 번호표를 받은 '에클레르 카페(エクレール カフェ)'를 집어 베어 물었다. 그의 체구만큼이나 호쾌한 크기의 에클레르*는 다부지게 구워진 생지에 바닐라 빈이 듬뿍 든 진한 커피 커스터드 크림이 들어 있고, 겉은 달콤하면서도 쌉쌀한 커피 퐁당**이 두껍게 감싸고 있었다. 따뜻한 커피와 함께 먹으니 이런 신선놀음이 따로 없었다.

이어서 두 번째 번호표를 받은 가을의 스페샤리테(Spécialité 간판 상품)인 '로톤누(ロートンヌ)'를 꺼내들었다. 캐러멜을 입힌 아몬드와 호두의 압도적인 비주얼이 시선을 사로잡아 선택한 녀석이었다. 호기롭게 크게 한입 베어 물었다. 아몬드와 헤이즐넛의 부드러운 버터 크림, 헤이즐넛과 호두가루를 넣어 고소한 향이 깊이 배어 나오는 다쿠와즈***, 거

---

* 에클레르(Éclair): 크림으로 속을 채우고, 겉에 설탕 또는 초콜릿을 입힌 긴 모양의 슈 페이스트리.
** 퐁당(Fondant): '녹는다'는 의미를 가진 단어로, 설탕을 졸여서 하얗게 될 때까지 저어 만든 것.
*** 다쿠와즈(Dacquoise): 아몬드가루와 계란흰자로 만드는 과자.

기에 씹는 재미를 더해주는 아몬드와 호두까지. 누군가 입안에서 가을의, 가을에 의한, 가을을 위한 교향곡을 연주하는 것 같았다.

'그럼 하이라이트까지 멋지게 마무리해 볼까' 하며 마지막으로 흥행 보장 수표 같은 녀석을 등장시켰다. 나는 모험을 좋아하기는 하지만 해피 엔딩을 바라는 이기적인 사람이다. 약속대로 얼그레이향이 너무나 매력적인 진한 초콜릿 무스가 입안을 가득 채우고 코끝까지 향이 빠져나갔다. 그렇게 아그레아브루는 예상대로 특유의 무게 있는 로맨틱함으로 멋진 피날레를 장식해주었다.

다음날 등굣길에는 밤새 내린 빗줄기에 못 이긴 단풍들이 무수히 떨어져 있었다. 비 때문인지 평소보다 살짝 쌀쌀한 듯해서 호주머니에 손을 찔러 넣었다. 오전 수업부터 중간시험 전 마지막 양과자 실습시간

아그레아브루

이 있다. '먼저 제노와즈*를 1센티미터로 커팅해두고 짤주머니에 8밀리미터 깍지를 끼우고….' 머릿속으로 끊임없이 시뮬레이션을 반복하며 걸었다. '아, 아니다. 먼저 생크림 농도를 조절해서 냉장고에 넣어 둬야지….'

완벽한 영화를 관객에게 보여주려면 수십 번의 시행착오와 철저히 계산된 일의 절차가 필요하다. 아직은 짜인 극본을 그대로 소화하기에도 급급하지만, 언젠가 나도 그럴싸한 작품을 세상에 내놓는 사람이 되고 싶다.

---

* 파트 아 제노와즈(Pâte à Génoise): 케이크에 사용되는 스펀지.

<table>
<tr><td colspan="2">ABOUT STORE</td></tr>
<tr><td>add</td><td>京都府京都市中京区夷川通高倉東入天守町757 ZEST-24 1F</td></tr>
<tr><td>way to</td><td>지하철 가라스마선(烏丸線) 마루타마치역(丸太町駅) 7번 출구에서 도보 4분. 마루타마치역 7번 출구로 나와 남쪽 방향으로 100미터 직진하면 보이는 덮밥 전문점 나카우(なか卯) 골목(夷川通 에비스가와도오리)으로 좌회전해서 250미터 정도 직진하면 오른편에 보인다.</td></tr>
<tr><td>tel</td><td>075-231-9005</td></tr>
<tr><td>time</td><td>10:00~케이크 소진 시까지</td></tr>
<tr><td>closing day</td><td>부정기</td></tr>
<tr><td>homepage</td><td>http://agreable-ebisu.blogspot.kr/</td></tr>
</table>

일생에 단 한 번 만나는 완벽한 케이크

파티스리 탄도레스

일주일에 3일만 문을 여는 가게

　한 번쯤 드라마에 빠져본 사람이라면 드라마 OST만 들어도 드라마의 장면이 눈앞에 그려질 듯 선명하게 되살아난다는 말에 공감하지 않을까 싶다. 개인적으로 OST가 기억에 남는 일본 드라마를 꼽으라면 그중 하나가 에구치 요스케 주연의 요리 드라마 「디너」이다. 일본 록밴드 사카낙션이 부르는 「뮤직」의 경쾌한 음악과 아슬아슬 스피디한 주방의 모습을 비추는 슬로우 화면이 절묘하게 매치된 인트로 영상만 봐도 드라마를 보던 그때로 돌아간 듯하다.

　이 드라마 「디너」는 잘나가던 이탈리안 레스토랑이 오너 셰프가 쓰러지며 위기를 맞게 되고, 가게를 살리기 위해 새로운 요리 천재 주방장을 영입하면서 벌어지는 이야기이다. 드라마 속 에구치 요스케가 연기하는 주인공 에자키는 인간성은 제로이지만 요리를 누구보다 사랑하고 즐기는 완벽주의자이다. 그는 요리에서 '식재료×조리방법=맛' 이것 이외에 다른 공식은 존재하지 않는다고 하며 '소금 1그램의 차이가 단골손님을 잃게 한다'는 철저한 마인드로 혼신을 다해 요리하고, 최상의 재료를 구하기 위해 어떠한 일도 마다하지 않는 성격이다. 그런 그가 직원들과의 갈등을 통해 결국 가게를 살리고 인간관계에 대한 깨달음도 얻게 된다는 이야기가 중심이 된다. 그리고 무엇보다 쿠이신보(食い

しん坊 먹보)인 나에게는 보기만 해도 입맛을 다시게 하는 화려한 요리들이 매회 등장해 눈을 뗄 수 없던 드라마였다. 게다가 드라마에 등장했던 이탈리안 요리 자문을 츠지 선생님들이 하셨다는 것이 더 집중해서 보게 된 이유였던 것 같다.

나에게 있어 〈파티스리 탄도레스〉의 셰프 야마구치 다카유키(山口貴之) 씨는 「디너」의 에자키 같은 캐릭터이다. 실제 그의 성격이 어떤지는 모르겠지만 케이크에 대한 그의 고집이 내게는 그렇게 보였다. 교토 북동동쪽의 '라멘 격전지'로 유명한 이치조지(一乘寺)에 위치한 〈파티스리 탄도레스〉에 방문하면 그가 아닌 그의 어머니가 손님을 맞이한다. 겉보기에는 도도하고 시크해 보이는 마담이지만 실제로는 꽤나 소탈한 간사이 사투리가 정겨운 분이다. 사실 세상 모든 어머니들이 그럴지 모르지만 아들에 대한 자부심도 대단하다. 셰프 야마구치 씨는 이런 어머니께 판매에 대한 것들을 전임하고 주방에서 작업에만 몰두하는 모습이다.

파티스리 탄도레스

그의 어머니께 듣기로 그는 어렸을 때 단것도 좋아하지 않았고 케이크에도 관심이 없었지만, 고등학교 시절 몸이 아파 입원했을 때 먹은 케이크가 너무 맛있어서 그것을 계기로 '케이크 만드는 일을 해야지' 하고 결심했다고 한다. 그리고 츠지제과전문학교를 졸업하고 존경하는 셰프 밑에서 수행했다는 그는 유명세에 비해 자세한 정보가 알려지지 않은 탓에 다소 베일에 싸인 인물이기도 하다. 게다가 〈파티스리 탄도 레스〉의 영업일은 일주일에 3일밖에 되지 않는다. 영업하지 않는 날은 한 치의 흐트러짐도 없는 최상의 케이크를 만들기 위해 거의 혼자서 재료 준비를 하고, 케이크의 종류도 한 명에서 세 명이 만들 수 있는 양 정도로 일고여덟 가지만 내어놓는다. 그리고 '이치고이치에(一期一会 일생에 단 한 번 만나는 인연)'의 과자를, 자신에게 납득이 가는 과자만을 고객에게 전한다는 원칙을 두고 혼신을 다해 만들고 있다고 한다.

지금까지의 정보만으로도 그가 예사롭지 않은 인물임을 알 수 있지만, 그의 보다 더 철저한 성격을 엿볼 수 있는 것이 있다. 바로 케이크의 메뉴표. 이 메뉴표에는 케이크에 대한 간단한 설명과 더불어 케이크를 먹을 때의 최적의 온도까지 표기되어 있다. 이토록 철저한 가게는 아마 일본이 아니라 전 세계 어디에도 없을 것 같다(혹시 있으면 알려주면 좋겠다). 작지만 카페 공간을 만든 것도 자신이 만든 최상의 케이크를 최적의 온도 관리가 되는 곳에서 먹어주기를 바라기 때문. 실제 카페에서 먹어보면 온도는 물론 먹는 순서까지 관리해주는 꼼꼼함을 느낄 수 있다. 예를 들면, 〈파티스리 탄도레스〉 카페에서는 '내가 오늘 구입한 몇 개의 케이크 중 초콜릿 케이크를 가장 먼저 맛보고 싶다' 이런 것을 마음대로 선택할 수 없다. 또한 그는 부드러움을 추구하며 단조로운 구성의 일본 양과자와 달리 여러 개의 파트로 이루어진, 그렇지만 밸런스가 잡힌 전통 프랑스 과자를 추구한다.

콩닥콩닥 설레며 기다리는 케이크

이러한 〈파티스리 탄도레스〉는 게이한열차(京阪電車)의 데마치야나기역(出町柳駅)에서 완만덴샤*인 에이잔전차(叡山電車)로 갈아타야 갈 수 있는 이치조지에 위치해 있다. 원래는 1999년 오픈한 〈벡쿠루쥬(ベッ

---

* 완만덴샤(ワンマン電車): 차장 혼자서 운행하는 작은 열차.

파티스리 탄도레스

クルージュ〉〉라는 이름의 가게였었는데, 카페 공간을 마련하면서 1년 정도 가게를 휴업하고 2009년 〈파티스리 탄도레스〉라는 이름으로 재탄생되었다.

그리고 앞서도 말했듯이 한국에서는 보기 힘든 운영 방식이지만 주 3일(토, 일, 월요일)만 영업하고 있고, 그나마도 임시휴일인 날이 있기도 해서 방문 전 홈페이지로 확인하는 것이 좋다. 오전 11시부터 테이크아웃이 가능하고 오후 1시부터 카페 이용이 가능하다(카페는 6~7석이 전부). 케이크의 맛도 맛이지만, 맛볼 수 있는 기회가 적다 보니 오픈 1시간 전부터 줄을 서고, 교토뿐만 아니라 오사카와 고베, 멀리서는 도쿄에서까지 찾아오는 등 경쟁이 치열하다. 처음 이곳을 방문했을 때 오픈 전 줄을 서서 기다리다가 츠지제과 출신 사람들을 만나서 이런저런 얘기를 나누었는데, 그중 몇 명은 좀처럼 손에 넣기 힘든 이곳의 케이크 전 종류를 몇 개씩 사가려고 오사카에서 아이스박스까지 들고 왔었다. 기다리면서 같은 업계에서 일하는 이들에게도 이렇게 인기인 케이크는 과연 어떤 맛일지 설레서 얼마나 심장이 콩닥콩닥했었는지….

한 가지 작은 팁을 준다면, 만약 카페에서 먹기를 원하면 오전 11시 오픈시간에 가서 케이크를 먼저 골라두고 이치조지를 둘러보다가 카페 오픈시간에 맞춰 가서 먹는 것을 추천한다. 비어 있는 시간에는 〈케이분샤(惠文社)〉라는 분위기 좋은 잡화와 책을 파는 서점을 둘러보거나 인기 라멘집인 〈멘야곳케(麵屋極鶏)〉나 츠케멘* 전문점 〈츠케멘 에나쿠

---

* 츠케멘(つけ麵): 면과 스프가 따로 제공되어 면을 스프에 찍어 먹는 형태의 라멘.

〈つけめん 恵那く〉〉를 방문해보는 것은 어떨까?

〈파티스리 탄도레스〉의 메뉴는 주 단위로 라인업이 바뀌는 식이라 흔히 말하는 '대표 상품'이 없다. 심지어 어떤 블로그에서 6개월 동안 내놓은 케이크의 종류가 200종류가 넘었다는 글도 본 적이 있다. 또한 1년에 한 번, 2년에 한 번, 또는 이제까지 단 한 번으로 사라지는 케이크도 있다고 한다. 이곳의 케이크는 하나하나 정성이 들어가고 몇 개라도 먹을 수 있을 것 같은 가벼운 느낌의 케이크들이 주를 이루는데, 그 어느 것을 먹어도 지금껏 먹었던 케이크와는 다른 신세계를 경험하게 될 것임을 확신한다. 데코레이션은 물론이고 셰프 자신이 납득할 수 있는 맛이 나올 때까지 고객들에게 내놓지 않는다는데, 그 맛은 말해 무엇하겠는가.

파티스리 탄도레스

개인적으로 이곳에서 먹었던 케이크 중 단연 최고였던 것은 '라 퓨죤(ラ・フュージョン)'이다. 가지런히 7층으로 쌓인 비주얼이 시선을 끌어 선택한 이 케이크는 맛차와 커피 두 종류의 비스퀴 사이사이에 불면 날아갈 듯 가벼운 버터 크림을 바르고, 아몬드 프라리네 가나슈를 얹어 코코아 파우더를 뿌린 것이었다. 맛차, 커피, 코코아의 쌉쌀한 맛과 달콤하고 부드러운 크림의 조화가 너무나 환상적이어서 '맛있는 음식을 먹으면 세상이 아름답게 보인다'는 생각이 절로 들게 하는 케이크였다.

또 기억에 남는 케이크로 향신료를 넣고 만든 비스퀴 안에 바나나와 럼 레이즌*이 든 바닐라 바바루아**를 채워 넣은 '레그조틱(レグゾティック)'이 있다. 시나몬, 큐민***, 카레 등의 향신료를 넣은 비스퀴는 첫 스푼부터 깜짝 놀랄 향과 맛이었다. 케이크에 흔히 사용되는 향신료가 아닌 만큼 처음에는 낯설게 느껴졌지만, 놀랍게도 먹으면 먹을수록 매력이 있었다. 게다가 럼주로 후람베****한 바나나와 럼주에 담가 둔 럼 레이즌, 농후하지만 부드럽고 가벼운 바바루아와도 절묘하게 조화를 이뤄,

---

* 럼 레이즌(Rum Raisin): 럼(당밀이나 사탕수수가 원료인 증류주)에 건포도를 절여 만든 것.

** 바바루아(Bavarois): 과일 퓨레나 앙글레이즈 소스(우유와 계란노른자로 만드는 소스)와 젤라틴, 거품 낸 생크림 등을 섞어서 만든 것.

*** 큐민(Cumin): 멕시코, 인도, 아랍의 전통 요리에 광범위하게 사용되는 향신료로, 강한 향에 조금 쓴맛이 난다.

**** 후람베(Flambé): 조리 후 럼주 등의 알코올 도수가 높은 술을 요리가 있는 프라이팬 위에 뿌려 한 번에 알코올을 날려버리는 조리법.

1. 라 퓨죤ラ・フュージョン
2. 레그조틱レグゾティック

파티스리 탄도레스

한 스푼 한 스푼 마치 달콤하고 부드러운 카펫 위를 걷는 듯했다. 가장 인상적이었던 것은 윗면 양사이드에 그을려서 장식해놓은 것이었는데, 알고 보니 케이크 위에 부드러운 마지팬*을 싸서 장식한 것이었다. 점원에게 물어보니 초코 소스가 흐르지 않도록 하기 위해 장식해놓은 것이라고. 정말 기발한 발상이라고 생각했다. 달콤한 마지팬에 양주향이 솔솔 나던 〈파티스리 탄도레스〉만의 색다른 케이크. 만약 다시 메뉴에 올라오면, 일본행 티켓을 끊어서라도 또 맛보고 싶은 케이크이다.

그리고 '맛차와 오렌지(抹茶とオレンジ)'. 재료명을 곧바로 케이크의 이름으로 한 만큼 과연 어떤 케이크가 나올지 기대했었다. 사실 가게 방문 전부터 홈페이지에서 메뉴표를 보고 '이건 꼭 먹어야지!' 하고 점찍어둔 케이크였다. 나는 맛차홀릭이라 맛차만 보면 일단 먹어봐야 직성이 풀리는데 거기다 오렌지와의 조합이라니. 이 케이크를 찜하기 위해 호텔에서 평소 나서는 시간보다 출발시간을 1시간 앞당기기로 했다. 혹시 어떤 사람이 대량으로 사 가버린다거나 그날따라 나와 같은 취향의 사람들이 많으면 안 되니까.

이것을 먹은 날은 총 네 개의 케이크를 주문했었는데, 그때 가장 먼저 나왔던 케이크가 바로 이 '맛차와 오렌지'였다. 점원이 가져다 준 케이크는 오렌지와 맛차 무스, 그 사이의 얇은 다쿠와즈 스펀지 그리고 오렌지 캐러멜 쥬레로 장식이 이루어져 있었다. 첫 스푼을 넣는 순간, "아니, 이게 대체 뭐야"라는 말이 절로 나올 정도로 충격적으로 가벼운

---

* 마지팬(Marzipan): 아몬드가루와 설탕을 섞어 페이스트 상태로 만든 것.

1. 맛차와 오렌지抹茶とオレンジ
2. 루쥬 베제ルージュ・ベゼ

파티스리 탄도레스

버터 크림이었다. 함께 갔던 수진 상과 "이런 버터 크림은 처음!"이라
며 둘 다 무언가에 홀린 것처럼 먹다 보니 어느새 사라져버린 케이크였
다. 버터 크림 자체는 그리 달지 않았지만, 오렌지 캐러멜 소스가 단맛
을 보충해주면서 고소한 다쿠와즈 스펀지가 악센트가 되었고, 오렌지
의 상큼함과 진한 맛차의 맛과 향이 환상적인 케미를 이루었다.

마지막으로 '루쥬 베제(ルージュ·ベゼ)' 역시 이곳만의 오리지널리티
가 더해져 특별했던 케이크이다. 언뜻 보기에는 일반 딸기 무스 케이크
와 큰 차이 없어 보이지만, 새콤달콤한 딸기 무스 안에 바질과 카쇼* 젤
리가 들어 있고 토대는 넛츠가 데굴데굴 들어 있는 다쿠와즈 스펀지로
되어 있었다. 바질과 산초가 젤리에 들어가 입에 거슬리지 않으면서 적
당한 식감을 내고, 딸기과육, 무스, 젤리가 어우러져 내는 맛을 보면 누
구나 "반전 있는 케이크"라고 할 것이다. 호불호는 갈릴 수 있겠지만,
개인적으로는 의외의 신선한 조합에 맛까지 잡았기에 충분히 추천할
만한 케이크라고 생각한다.

이러한 케이크와 곁들일 음료로는 홍차라면 '아쌈 홍차(アッサム紅茶)'
를, 커피라면 '탄도레스 블렌드 커피(タンドレスブレンドコーヒー)'를 추천
한다. 진하면서도 산뜻해 케이크와 잘 어울린다.

하루는 이곳 〈파티스리 탄도레스〉의 카페에서 옆 테이블에 앉은 남
자 손님과 이야기를 나눈 적이 있다. 그는 고베에서 여기까지 케이크를
먹으러 왔다며 혼자 케이크 세 조각을 말끔하게 먹더니 볼까지 발그스

---

* 카쇼(花椒): 산초와 비슷한 중국산 향신료로, 산초보다 향이 강하고 강한 맛이다.

레해져서 정말 행복한 듯 보였다. 이 근처에서 맛있는 점심을 먹은 뒤 후식으로 케이크까지 맛본 날이라면, 그날 하루는 빡빡한 여행 일정 대신 여유롭게 보내도 충분히 알차고 행복하지 않을까 생각한다. 만약 교토를 둘러보는 날을 3일로 정했다면, 그중 하루의 반나절은 여기 이치조지에서 보내고 저녁에는 벚꽃 시즌이라면 벚꽃을, 단풍 시즌이라면 단풍을 보러 가는 건 어떨까.

참고로 「디너」의 OST를 부른 록밴드 사카낙션의 보컬이자 기타리스트인 야마구치 이치로 씨와 〈파티스리 탄도레스〉의 셰프인 야마구치 씨는 공교롭게도 성이 같은 '야마구치'이다. 그냥 여담이다.

파티스리 탄도레스

마루브란슈

오감만족 교토의 몽블랑

가장 기억에 남는 몽블랑은?

일본은 프랑스만큼이나 몽블랑을 사랑하는 나라이다. 혹자는 일본의 4대 양과자가 푸딩과 슈크림, 쇼트 케이크*와 몽블랑이라고 할 정도인데, 실제로 살면서 양과자집을 다녀보니 틀린 말 같지는 않다. 일본의 파티시에 사코타 치마오(迫田千万億)가 1930년대 프랑스에서 맛본 몽블랑에 감명을 받고 일본으로 돌아와 〈몽블랑(MONT-BLANC)〉이라는 이름의 가게를 열면서 일본의 몽블랑이 시작되었다.

몽블랑의 본고장인 프랑스에서는 밤을 사용한 몽블랑, 밤 크림에 초코를 섞어 만든 초코 몽블랑 정도를 판매하고 있지만, 일본에서는 밤뿐만 아니라 단호박과 자색고구마를 사용해 몽블랑 크림을 만들기도 하고, 화과자에 사용되는 흰 앙금에 초콜릿, 맛차, 호지차, 벚꽃, 딸기 파우더 등을 섞어 크림을 만들고 스펀지나 카스테라, 롤 케이크에 얹어서 내놓는 등 다양한 응용 버전을 내놓고 있다.

1982년 교토 북쪽의 기타야마(北山)에서 탄생한 〈마루브란슈〉는 개인적으로 그동안 일본에서 수없이 먹은 몽블랑 중에서 가장 기억에 남는 몽블랑을 판다. 창업자가 파리에서 먹은 진한 밤 크림 몽블랑에 감동

---

* 쇼트 케이크(Short Cake): 먹기 좋은 크기로 스펀지 케이크를 자른 것.

을 받아, 그 맛을 재현함과 동시에 교토풍으로 변주해 판매하기 시작한 럼주향 몽블랑은 〈마루브란슈〉의 간판 상품이다. 특히 기타야마 본점에서만 맛볼 수 있는 한정 몽블랑 '몽블랑 오토쿠츄루(MontBlanc Haute-Couture)'는 인기가 대단해서 때로는 1~2시간의 웨이팅도 각오해야 할 정도이다.

이 오더 메이드 몽블랑은 말 그대로 주문하면 테이블 옆 왜건에서 바로 만들어준다. 우선 주문하면서 럼주를 고를 때부터 두근거리기 시작하는데, 럼주 라인업이 심상치 않기 때문이다. 럼의 귀부인으로 불리는 프랑스 럼주 '네그리타 럼 두블르 아롬(Negrita Rhum Double Arôme)'과 알코올 도수 43도의 8년 숙성 프랑스산 럼주 '디용 트레 비유 럼(Dillon Très Vieux Rhum)', 알코올 도수 40도의 6년 숙성 베네수엘라산 럼주 '팜페로 아니베사리오 럼(Pampero Aniversario Rhum)' 3종이 있고, '무알콜 시럽' 3종도 있어 취향에 따라 한 가지를 고르면 된다.

이제 잘게 조각낸 프랑스산 밤으로 만든 시부카와니에 럼주 또는 시럽을 투하해 섞으면 퍼포먼스의 시작이다. 진한 향이 주위 테이블에 앉아 있는 사람에게까지 퍼지며 기분 좋게 취하는 분위기가 된다. 접시에 올려진 케이크 스펀지와 바닐라 무스 글라세(Mousse glacée 무스를 얼린 것) 주변에 시부카와니를 골고루 펼친 후, 짤주머니에 담긴 몽블랑 크림을 무스 위에 가로세로로 두 번에 걸쳐 '이렇게나 많이?!'라는 생각이 들 정도로 짜주면 완성이다. 우둘투둘한 밤 조각의 럼향이 진동할 때부터 주변 시선이 집중되고 마론 크림을 짤 때 절정에 이르며, 카페에서 흘러나오는 장엄한 클래식은 마치 의식을 위한 배경음악같이 느껴진다.

기타야마 본점에서만 맛볼 수 있는 몽블랑 오토쿠츄루MontBlanc Haute-Couture

퍼포먼스의 감동이 채 가시기도 전에 한 스푼 떠먹어보면 그야말로 천국이 따로 없는 맛이다. 진하고 달콤한 마론 크림과 공기를 잔뜩 품어 가볍고 부드러운 글라세 그리고 로맨틱한 럼주향이 진하게 묻어나는 밤까지. 얼린 무스가 아이스크림 같았다가 점점 더 부드러운 느낌의 무스로 변하며, 금방 짠 마론 크림이 솜사탕같이 폭신하게 느껴진다. 이 몽블랑은 가을과 겨울에만 한정된 것이라 '리미티드'라는 글만 보면 마음이 급해지는(한정의 노예인) 나는 옷깃을 스치는 바람이 차가워지면 몽블랑이 있는 교토로 떠나고 싶어진다.

그림 같은 삶의 한 장면을 마루브란슈 몽블랑과 함께

혹여 당신이 가을, 겨울에 이곳을 방문하지 못하더라도 아쉬워할 것 없다. 본점 한정 몽블랑 디저트는 계절에 따라 나온다. 봄에는 일본 밤으로 만든 몽블랑 크림에 체리 무스 글라세와 밀키한 체리 소스를 가볍게 거품내서 곁들인 '벚꽃이 피는 체리 몽블랑(さくら咲くチェリーのモンブラン)'이, 가을에는 포도 소스와 포도를 곁들인 고혹적인 와인 빛깔의 '포도와 마론의 가을빛 몽블랑(葡萄とマロンの秋色モンブラン)'이, 여름에는 몽블랑을 빙수 버전으로 만든 '눈의 과자 몽블랑 빙수(雪の菓モンブラン氷)'가 몽블랑 오토쿠츄루 못지않은 인기를 자랑한다.

특히 여름 한정인 몽블랑 빙수는 도치기현의 천연수를 사용해 만들어 얼음 자체가 부드럽고 폭신폭신하며 쉽게 녹지 않는 특징을 가지고 있다. 특제 몽블랑 시럽을 섞은 은은한 럼주향 몽블랑 크림과 함께 먹으면, 마치 알프스 산 몽블랑의 만년설을 입에 넣은 듯한 느낌이다. 게다가 안에는 일본 국내산 밤 페이스트와 부드러운 바바루아를 깔았고, 몽블랑 크림 밑에는 바삭한 머랭 과자를 붙여놓아 단조로운 식감에 악센트를 더해준다. 빙수의 크기 또한 몽블랑 오토쿠츄루 못지않게 커서 먹다가 질리지 않을까 싶지만, 함께 나오는 카시스와 앙글레이즈 소스를 기호에 맞게 곁들여 먹으면 마지막 한입까지 즐길 수 있다. 몽블랑 오토쿠츄루와 몽블랑 빙수 모두 1,296엔으로 웬만한 런치 가격 뺨치는 저렴하지 않은 가격이지만, 그 이상의 가치가 있는 디저트이다. 여행 중 나를 위한 사치 타임을 즐기고 싶다면 강력히 추천한다.

〈마루브란슈〉는 어느 지점을 가도 직원들이 매우 정중하고 친절한 데다, 테이크아웃 시 케이크를 포장해주는 박스와 소품들이 하나하나 고객을 생각한 게 드러날 정도로 세세한 배려가 돋보인다. 일본의 양과자집은 케이크를 포장할 때, 이동 중 흔들리지 않도록 케이크 사이사이에 종이를 끼워준다든지 바닥을 테이프로 고정시킨다든지 해주는데, 이곳은 포장 전용 플라스틱 케이크 홀더와 흔들림 방지 칸막이를 활용해 장거리 이동에도 케이크를 예쁜 모양 그대로 운반할 수 있게 해준다. 게다가 포장 상자와 종이 하나하나에도 귀여운 제과 도구와 머랭 등을 그림으로 표현하고, 박스를 여닫는 곳에 끼우는 플라스틱 단추까지 구비하는 등 어느 하나 나무랄 것 없이 완벽하다. 그리고 포장 상자 안에 넣어주는 보냉제도 여느 양과자집의 것보다 견고해서 나 같은 경우는 이 보냉제를 냉동고에 모아두었다가 필요할 때 사용하기도 했다.

기타야마 본점의 봄 한정 메뉴, 벚꽃이 피는 체리 몽블랑さくら咲くチェリーのモンブラン

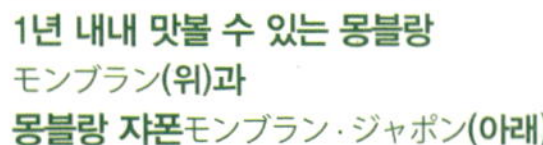

1년 내내 맛볼 수 있는 몽블랑
モンブラン(위)과
몽블랑 쟈폰モンブラン・ジャポン(아래)

'몽블랑 하면 럼주 맛이지!'라는 사람들에
게는 프랑스산 밤과 일본 밤을 섞은 마론
크림의 '몽블랑'을, '몽블랑은 역시 진한
밤맛!'이라는 사람들에게는 일본 밤을 사
용해 만든 '몽블랑 쟈폰'을 추천하고 싶다.

교토에 디저트 먹으러 갑니다

MALEBRANCHE

The four seasons

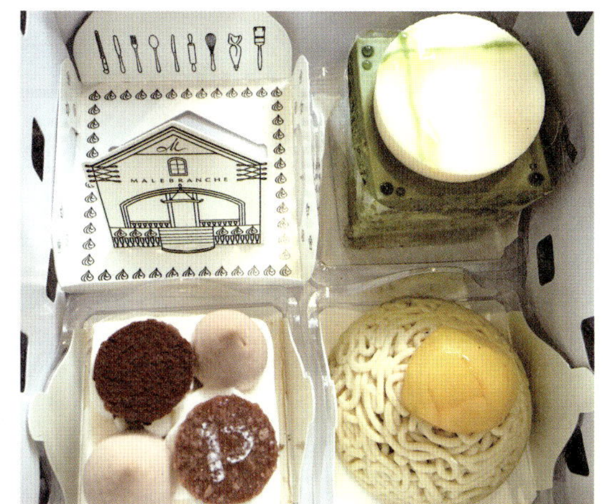

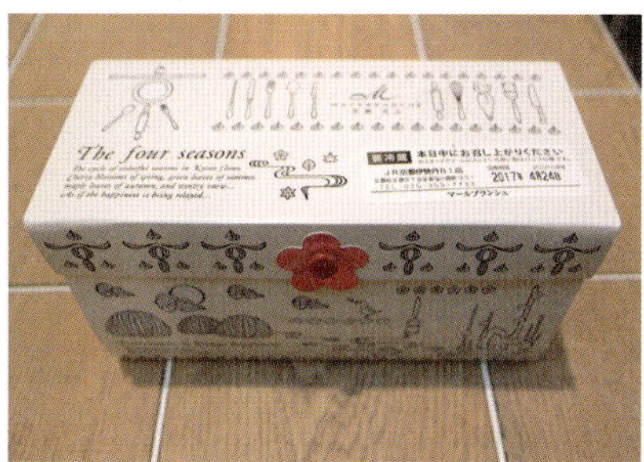

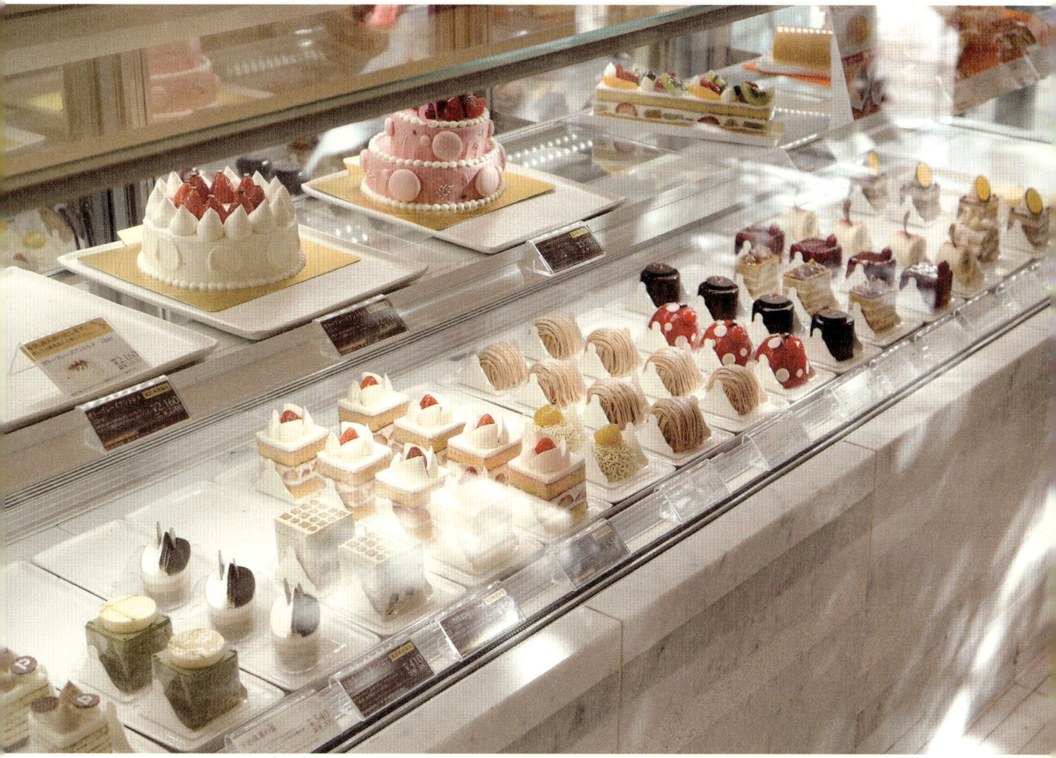

참고로 교토 기타야마역 근처에는 싱그런 꽃과 나무들이 가득한 '교토 부립 식물원(京都府立植園)'과 옥외 미술관인 '교토 부립 도자기 판화 명화의 정원(京都府立陶板名画の庭)'이 있다. 도자기 판화 전시는 오사카 출신의 유명 건축가 안도 다다오(安藤忠雄)가 설계했다. 인상파 모네의 「수련: 아침」이나 미켈란젤로의 「최후의 심판」, 고흐의 「사이프러스 나무가 있는 길」 등 명화의 아름다움을 그대로 재현한 도자기 판화를 야외에서 감상할 수 있으니 세계 최초의 회화 정원인 이곳을 들러보는 것도 좋을 것 같다. 250엔으로 합리적인 공통권(共通券)을 구입하면 교토 부립 식물원 산책까지 덤으로 가능하다.

우지맛차의 연주
宇治抹茶の奏

진한 우지산 유기농 맛차, 맛차 스펀지, 달콤 쌉싸름한 맛차 가나슈, 맛차 크림과 함께 은은한 유자향이 싱그럽게 나는 연유 무스로 장식해 뒷맛도 깔끔한 케이크.

따끈따끈한 검은콩가루의 쇼트 케이크
ほっこり黒豆きなこのショートケーキ

교토 단바산 검은콩으로 볶은 콩가루와 검은콩가루 페이스트, 검은콩 크림 등 검은콩의 모든 것을 담고, 화이트 초콜릿을 코팅한 바삭바삭한 머랭과 화이트 초코 조각으로 식감에 포인트를 준 케이크.

'녹색으로 가득한 식물원에서 산책을 즐기고 배경과 함께 숨 쉬는 듯한 명화를 보고 마음을 가라앉힌 뒤, 시원한 아메리카노 한잔하며 〈마루브란슈〉 기타야마 본점의 한정 몽블랑을 느끼고 맛보다'라니. 누구나 한 번쯤 그려보는 삶의 우아한 한 순간이 아닌가.

ABOUT STORE

add	京都市北区上賀茂岩ケ垣内町40 植物園北門前
way to	지하철 가라스마선(烏丸線) 기타야마역(北山駅) 4번 출구에서 도보 2분. 기타야마역 4번 출구로 나와 150미터가량 직진하면 오른쪽에 보인다.
tel	075-722-3399
time	매장 09:00~20:00 카페 10:00~20:00(Last order 19:30)
closing day	연중무휴(연말연시에 매장은 오픈하나 카페(잇트인)는 휴무)
homepage	http://www.malebranche.co.jp/

Part 3

마지막 한입까지 야무지게!
스페셜 디저트

Special
Dessert

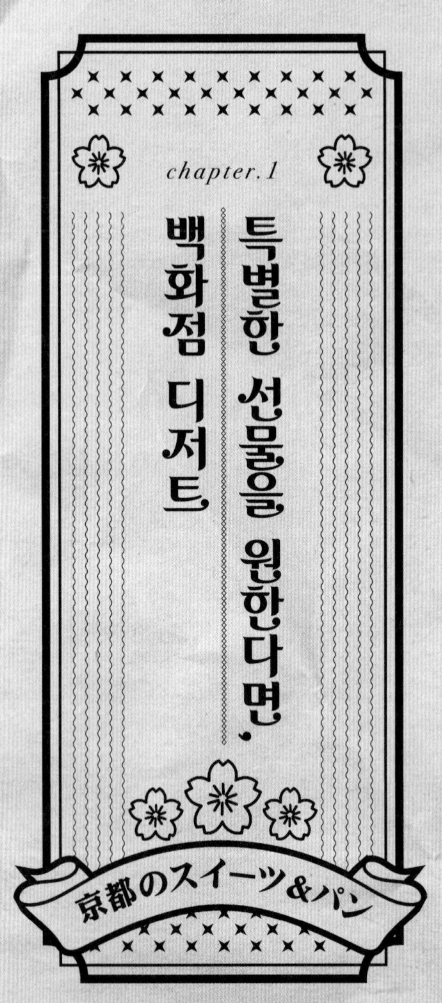
chapter.1
특별한 선물을 원한다면,
백화점 디저트
京都のスイーツ&パン

일본어는 고사하고 일본이라는 나라에 발 한번 들인 적 없던 시절, 지인으로부터 '야츠하시'라는 과자를 선물 받은 적이 있다. 화려한 기모노를 입은 마이코[*]가 그려진 철로 된 통 안에 얇은 기왓장 같은 과자들이 들어 있었는데, 딱딱하다고 느껴질 만큼 바삭한 질감에 맛이 특별히 인상 깊지도 않았고 계피향이 났었다는 것밖에 기억이 나지 않는다. 달콤한 앙금이 가득 찬 부드러운 만주 같은 것을 상상했던 나는 모처럼 받은 선물이었지만 그 맛에 실망해 김이 팍 샜다.

처음 일본을 방문한다면 현지 음식에 대한 지식이 없거나, 있더라도 어디에서 사야 할지, 어떤 사람에게 어떤 선물이 좋을지 망설이기 일쑤이다. 그런 이들에게 지하철역과 연결되어 있어 접근성이 좋을 뿐만 아니라, 아이를 동반하는 손님을 위한 기저귀 교환대나 수유실 등 편의시설이 갖추어진 백화점은 더할 나위 없이 쾌적한 환경을 제공한다. 특히 교토의 백화점 지하는 예술작품 같은 죠나마가시[*]를 비롯해 다양한 화과자를 파는 유명 화과자 가게들이 늘어서 있으며, 화과자와 양과자를 접목한 와요가시 가게들도 있고, 식품 코너에는 교토 야채들로 만든 츠케모노(漬物 절임) 등 반찬거리가 가득하다. 하지만 이것들을 하나하나 알지 못한 채 다양한 점포의 수많은 상품들 중 내 마음에 쏙 드는 선물을 스마트하게 구입하기란 쉽지 않다.

그 해답은 다음 페이지를 참고하는 것이다. 다음의 추천 상품들 중에는 현지인의 사랑을 듬뿍 받아 교토 전체를 통틀어 가장 긴 손님 행렬을 자랑하는 점포도 있고, 한 달에 단 3일 동안만 맛볼 수 있는 '초레어 아이템'도 포함되어 있다. 인기 관광지 교토답게 선물을 사려는 관광객들로 발 디딜 틈 없는 백화점 지하이지만, 이 책을 참고한다면 두려움도 실패도 없을 것이다.

---

* 마이코(舞妓): 게이샤 연습생.
** 죠나마가시(上生菓子): 수분 많고 주로 팥고물류를 재료로 만드는 생과자의 상등품을 말한다.

특별한 선물을 원한다면, 백화점 디저트

다이마루 교토점

ABOUT STORE

add 京都府京都市下京区四条通高倉西入立売西町 79

way to 지하철 가라스마선(烏丸線) 시조역(四条駅) 또는 한큐열차(阪急電鉄) 교토본선(京都本線) 가라스마역(烏丸駅)에서 연결.

tel 075-211-8111

time 10:00~20:00

사사야이오리 笹屋伊織

300년이 넘는 역사를 가진 교토 화과자집. 에도시대 말에 〈사사야이오리〉의 5대 점주가 교토 도지(東寺)라는 절의 스님들을 위한 간식을 만들어달라는 부탁을 받고, 절에서도 만들어 먹을 수 있도록 일반 철판이 아닌 절에서 사용하는 동라* 위에 올려놓고 반죽을 얇게 구워 팥 앙금을 돌돌 마는 형태의 과자를 만들어냈다. 이것이 스님들뿐 아니라 일반인들에게도 호평을 받고 입소문이 퍼져 대박이 나게 되는데, 이 도라야키의 제작 과정이 보통 손이 가는 것이 아니라서 한 달에 단 하루 21일에만 판매를 하다가 현재는 그것이 3일로 늘어나게 된 것.

* 동라(銅鑼): 절에서 사용하는 청동으로 만든 소반 모양의 악기.

도라야키 どら焼き (추천!)

- 〈사사야이오리〉의 간판 메뉴.
- 황토색 대나무 잎에 싸인 기다란 원주형으로, 일반 도라야키와는 달리 달걀이 들어 있지 않은 얇은 생지를 바움쿠헨**처럼 몇 겹이나 둘둘 만 것 안에 앙금을 넣었다.
- 제대로 먹는 법은 대나무 잎째 먹기 좋은 크기로 잘라, 먹기 직전에 대나무 잎을 벗겨내어 진하게 밴 대나무향을 느끼며 먹는 것이다.
- 마치 우이로***와 같은 쫀득한 식감도 있고, 안의 앙금이 너무 달지 않으면서 팥 고유의 맛이 살아 있다.
- 만드는 과정이 까다로워 한 달에 단 3일(매월 20, 21, 22일)만 판매. 억세게 운 좋아야 만날 수 있는 초레어 아이템이다.
- 매장에서는 기다란 사이즈의 봉으로 판매하고 있지만, 카페 매장에서는 차와 함께 한 조각 판매!

아즈키모치 あずき餅

- 인기 상품인 또 다른 도라야키.
- 이름처럼 모치모치(モチモチ 쫄깃쫄깃)한 도라야키 한 장을 반으로 접어 기품 있는 츠부앙을 넣은 도라야키.

이곳 〈사사야이오리〉의 세컨 브랜드인 〈SASAYAIORI+〉도 지하매장에 위치해 있다. 전통 화과자집의 기술로 만들어내는 바움쿠헨, 맛차 다쿠와즈 등 일본풍 양과자를 판매한다.

** 바움쿠헨(Baumkuchen): 달걀, 밀가루, 버터 등을 굵은 막대에 여러 켜로 바르면서 구워 절단면이 나이테처럼 되는 원통 모양 케이크.

*** 우이로(ういろう): 쪄서 만드는 화과자의 일종으로 쌀가루, 밀가루 등으로 만든다.

특별한 선물을 원한다면, 백화점 디저트

2014년 6월, 프랑스빵을 추구하던 〈르쁘치멕〉이 NY 스타일의 베이글과 도너츠를 중심으로 한 빵집을 백화점 지하 매장에 오픈했다.

베이글

- 겉은 단단하고 안은 쫄깃하면서 부드러운 타입으로, 씹으면 씹을수록 밀가루의 풍미가 느껴지는 것이 특징이다.
- 통상 6~8종이 진열되어 있는데, 가장 기본이 되는 '플레인(プレーン)'을 비롯하여 얼그레이와 오렌지 필을 넣어 만든 '홍차 오렌지(紅茶とオレンジ)', 쌉쌀한 맛차맛 베이글에 달콤한 화이트 초콜릿이 악센트인 '맛차 화이트 초코(抹茶X白チョコ)' 등이 있다.
- 가장 인기 있는 것은 '나무열매와 캐러멜(木の実とキャラメル)'로, 로스팅한 호두와 아몬드 호박씨가 듬뿍 들어 있어 맛과 영양은 물론, 부드럽고 쫄깃한 식감으로 인기 NO.1!
- 그 뒤를 잇는 것이 로스팅한 호두와 무화과의 식감이 좋은 '흰 무화과와 호두(白いちじくXくるみ)'이다.
- 베이글에 〈르쁘치멕〉의 장기인 프랑스 요리를 샌드한 샌드위치도 인기가 있다.

도너츠

- 플레인 도너츠와 초코 도너츠 두 가지 생지에 다양한 글레이즈와 토핑을 올린 것이다.
- 화려한 컬러이지만 내추럴하고 가벼운 맛이다.
- 주목할 만한 것은 플레인 도너츠 위에 글레이즈와 드라이 바나나를 듬뿍 올린 '바나나(バナナ)', 초코 도너츠 위에 코코넛을 뿌린 '코코넛 초콜릿(ココナッツXチョコレート)', 초코 도너츠 위에 아몬드를 뿌린 '아몬드 초콜릿(アーモンドXチョコレート)' 등이다.

열네 개의 좌석이 있어 비교적 여유 있는 공간에서 먹고 갈 수 있으며, 〈르쁘치멕〉의 얼굴인 바게트와 크로와상 등 프랑스빵도 판매 중이다.

마루브란슈 MALEBRANCHE

교토 이세탄백화점 지하매장의 인기 NO.1이 바로 진한 차로 만든 랑구도샤 (濃茶ラングドシャ) '차노카(茶の菓)'! 항상 차노카를 사려는 사람들로 긴 행렬을 이루고 있다. '랑구도샤(langue de chat)'란 프랑스어로 '고양이의 혀'라는 뜻으로, 가늘고 긴 모양의 프랑스 쿠키이다. 홋카이도의 인기 오미야게 '시로이코이비토(白い恋人)'도 랑구도샤이다.

차노카 茶の菓

• 진한 맛차의 향과 달콤 쌉싸름한 쿠키 그리고 달콤하고 부드러운 화이트 초콜릿의 조화는 교토의 양과자 집이기에 만들어낼 수 있는 것이다(달콤함과 씁쓸함의 밸런스가 절묘함).

ABOUT STORE

add 京都府京都市下京区烏丸通塩小路下ル東塩小路町

way to JR 또는 지하철 가라스마선(烏丸線) 교토역(京都駅)에서 연결.

tel 075-352-1111

time 10:00～20:00

특별한 선물을 원한다면, 백화점 디저트

• 한국에 갈 때마다 선물로 가져가면 다들 좋아하는 쿠키. (수진) 남동생은 맛차가 들어 있는 과자는 싫어하지만, 유일하게 맛있게 먹는 것이 이것이다!

■ 차노카의 맛있는 비밀!

교토 우지의 차 농장에서 정성 들여 기른 찻잎 중 차 감정사에 의해 엄선된 찻잎을 돌절구에 정성스럽게 갈아 랑구도사에 가장 적합한 맛차를 만들어낸다. 그리고 숙련된 파티시에가 이 맛차를 이용해 진한 맛차의 향을 잘 살리면서 입안에서 부드럽게 녹아내리는 얇은 쿠키를 만들고, 그 사이에 〈마루브란슈〉에서 독자적으로 배합해 만든 오리지널 화이트 초콜릿을 샌드한다.

나마차노카 生茶の菓

• 화이트 초콜릿과 차노카에 사용되는 것과 같은 엄선된 진한 차로 만든 퐁당 쇼콜라*.
• 두 손가락 두 손마디에 올라갈 정도로 작은 크기이지만, 매우 부드럽고 크리미한 식감과 깊고 진한 맛차의 맛.
• 주의사항! 반드시 냉장보관해서 먹기 10분 전 꺼내두었다 먹을 것. 상온보관은 금물!

호로호로 초코레토 ほろほろ佇古礼糖

• 교토의 소재로 만들어낸 10센티미터 정도의 정사각형 타블릿 초콜릿으로 가격은 756엔.
• 와산봉으로 만든 히가시**를 이미지화해서 만들어낸 초콜릿으로, 일반 초콜릿과는 다르게 가루처럼 폴폴 흩어지는 식감이 독특하다.
• 각각의 맛을 이미지화한 그림이 모여 교토를 뜻하는 '京'라는 글씨를 만들어내 교토 느낌이 물씬 풍긴다.
• 나무도 된 패키지가 세련되면서도 귀엽다.
• 패키지를 고정한 빨간 고무줄을 빼면 마루브란슈를 상징하는 M자 모양이나 교토를 상징하는 탑 모양이 나타난다. (깨알 재미!)
• 유통기한이 보통 한 달 이상이므로 선물용으로도 추천!

■ 종류

• 화이트 초콜릿 베이스에 단바 검은콩가루를 듬뿍 넣어 만든 초콜릿에 로스팅한 검은콩을 넣은 '검은콩가루(黒豆きなこ)'.
• 밀크 초콜릿 베이스에 〈기온무라타(祇園むら田)〉의 깨를 갈아 넣어 만든 초콜릿과 볶은 깨를 넣어 만든 '흰깨(白胡麻)'.
• 유명한 유자 산지 교토 미즈오의 유자와 화이트 초콜릿으로 만든 초콜릿에 유자 필을 넣은 '유자(柚子)'.
• 엄선된 진한 차로 만든 풍부한 맛차의 향과 맛을 느낄 수 있는 '진한 차(お濃茶)' 등.

---

* 퐁당 쇼콜라(Fondant au Chocolat): 안에 녹아내리는 초콜릿 크림이 들어 있는 초콜릿 케이크.

** 히가시(干菓子): 수분이 적은 건조한 화과자.

■ 설계된 맛의 단계

1. 초콜릿보다 가볍고 드라이한 느낌에 잘 부스러진다.
2. 잘라서 입에 넣으면 가볍고 바삭한 쿠키 또는 킷캣 (Kit Kat)과 비슷한 식감이다.
3. 각각의 소재(맛차나 깨 등)의 맛이 느껴지며, 향과 맛의 여운을 남기고 부드럽게 녹아 사라진다.

■ TIP!

- 매장 오른편의 케이크 판매 쪽은 그리 줄이 길지 않으니, 〈마루브란슈〉 기타야마 본점에 가기 힘든 사람들은 여기서 케이크를 맛보는 것도 좋다. (포장을 아주 세심하게 잘 해주기 때문에 얼마 동안 들고 다녀도 끄떡없다.)
- '차노카' 등의 과자는 이곳보다 교토역 포르타(Porta) 점 등에서 사는 것이 빠르다.

物産展 물산전

'물산전'이란 일본 각 지역의 명물을 다른 지역에 소개하고 판매하는 이벤트를 말한다. 우리나라도 지역마다 차이가 있지만, 일본은 땅덩어리가 우리보다 넓고 길다 보니 각 지역(현)마다 생활 습관이나 식습관, 특산물이 매우 다른 경우가 많다.

예컨대 봄이 오는 것을 알려주는 '사쿠라모치(桜餅)'의 경우, 간사이는 찹쌀과 건조한 쌀을 쪄서 만든 떡에 앙금을 싸 동그란 모양으로 만들고 벚꽃잎을 말지만, 간토*는 찹쌀가루 반죽으로 만든 타원형 모양의 반죽을 구워서 앙금

---

* 간토(關東): 일본 중부 지방으로 도쿄와 지바현, 이바라키현, 도치기현, 가나가와현 일대 등을 말한다.

특별한 선물을 원한다면, 백화점 디저트

을 올려놓고 돌돌 말아 벚꽃잎을 감는
식이다.

　대부분 주요 백화점의 행사장에서
개최되고, 그 일정은 물산전 홈페이지
(http://bussan10.com)와 백화점 홈페
이지에 한두 달 전부터 공지된다. 일본
어를 읽을 수 있다면 홈페이지를 확인
하는 게 가장 좋겠지만, 아무런 준비 없
이 여행을 가도 운이 좋으면 백화점 9,
10층의 행사장에서 물산전을 만날 수가
있다. 간사이 왕복 티켓으로 홋카이도나
오키나와의 명물 디저트까지 만날 수
있다면 이런 득이 어디 있을까.

　이름만 대면 알만한 유명 브랜드뿐
아니라 작은 동네에서 소리 소문 없이
인기인 작지만 강한 동네 과자집도 물
산전에 참가한다. 이런 곳의 디저트야말
로 직접 그 고장에 가지 않으면 먹어볼
수 없는 것!

홋카이도 北海道

물산전에서 가장 인기 있는 지역.

로이즈 ROYCE' & 르타오 LeTAO

• 물산전에서는 홋카이도 대표 인기 초콜릿 전문점 〈로
이즈〉와 인기 제과점 〈르타오〉의 디저트를 다수 만날
수 있다(면세점에서 판매하지 않는 제품들도 많다). 무엇
보다 매력적인 것은 즉석에서 만들어서 판매하는 과
자류와 아이스크림이다. 〈르타오〉 부스 옆에 설치된
시연 부스에서 파티시에가 '스트로베리 퐁당 타르트

（フォンダンタルト　ストロベリー）'를 직접 만드는 모습
을 볼 수 있었다.
• 〈르타오〉의 인기 치즈 케이크와 아이스크림을 콜라보
해서 파르페처럼 판매하기도 했다. 알 만한 사람은 다
알겠지만 홋카이도의 유제품은 일본에서 최고로 쳐준
다. 홋카이도의 진하디진한 저지(jersey) 밀크로 만든
소프트 아이스크림과 치즈 케이크의 조합은 홋카이도
에 몇 번 갔을 때도 못 먹어본 것이었는데 그걸 우메
다 한큐 백화점에서 맛볼 수 있었다.

앨리스 농장 アリスファーム

• 홋카이도의 서쪽 해안에 있는 마을 아카이가와무라에
위치한 농장.
• 소박해 보이는 이곳의 머핀에는 광활한 홋카이도 대
지의 농장에서 재배한 블루베리와 카시스 등이 들어
있다. 버터를 사용하지 않고 머핀 반죽과 같은 양의
신선한 생과일을 듬뿍 넣어 구운 것으로, 크기도 일반
머핀의 두 배이다. 이 특별한 머핀은 조금 늦게 가면
이미 동이 나고 없을 정도로 인기가 있다.

가나자와 金沢

역사적 건축물과 유적지가 많아 고도로
불리는 이시카와현의 가나자와는 '작은
교토'로 불린다. 교토처럼 예부터 차 문
화와 함께 화과자가 발달했다. 2016년
일본 한 기관의 조사에 따르면 일본 전
국에서 화과자 소비량이 가장 많은 곳
으로 꼽혔을 정도이다. 호쿠리쿠(北陸)*
전에 가면 그 엑기스만 뽑아 놓은 화과
자를 한꺼번에 맛볼 수가 있다.

* 호쿠리쿠(北陸): 이시카와, 후쿠이, 도야마, 니가타 지
방을 말한다.

시바후네코이데 柴舟小出

- 1917년 창업한 가나자와의 화과자 노포. 명물인 생강 센베 '시바후네(柴舟)'를 물산전에서 만날 수 있다.
- 시바후네는 얇고 작게 만든 센베에 그때마다 짠 생강 즙과 설탕을 섞어 만든 생강 꿀을 화과자 장인이 발라 만든다. 생강 꿀의 알싸함과 달콤함, 센베의 바삭함을 동시에 느낄 수 있는 과자이다.
- 가나자와의 명물 '후쿠사(袱紗)'를 〈시바후네코이데〉 에서 판매한 바 있다. 후쿠사란 도라야키와 비슷한 반죽을 도라야키보다 더 얇게 펴서 한쪽 면만 굽고, 구운 면을 안쪽으로 해서 앙금을 감싸는 화과자이다. 탄산수소나트륨 등으로 부풀리는 도라야키와 달리 팽창력이 좋은 탄산수소암모늄을 사용해 부풀려서 불판이 닿지 않는 면에 작은 구멍이 아주 많이 나게 되고, 앙꼬를 싸고 나면 마치 꽃 모양같이 보인다.

나카타야 中田屋

- '킨츠바(きんつば)'의 대명사 격인 화과자집으로, 가나자와에서 행렬이 끊이지 않을 정도로 대인기이다. 킨츠바는 한천 등을 이용해 앙금을 사각으로 만든 후,

밀가루 반죽을 얇게 발라 동으로 만든 불판에서 구운 화과자를 말한다.
- 알이 크고 껍질이 부드러운 홋카이도산 팥을 사용하는데, 화과자 장인의 손에 삶아진 이 팥은 전혀 뭉개지지 않고 부드럽게 완성되어 킨츠바를 반으로 갈라 보면 팥의 모습이 아름답게 보이기까지 한다.
- 참고로 가나자와의 화과자는 다른 지방의 화과자에 비해 당도가 높은 편이다. 습도가 높은 곳이라 예부터 보존성을 높이기 위함이다.

규슈 九州

유명한 온천이 많아 인기 관광지인 규슈에는 돈코츠라멘, 미즈타키(水炊き 일본식 닭백숙), 모츠나베(モツ鍋 곱창전골), 명란젓 등 맛있는 요리만큼이나 맛있는 디저트들이 많다.

- 다쿠아즈를 만들어낸 후쿠오카의 유명 양과자집 〈프랑스 과자 16구(フランス菓子16区)〉의 디저트와 북 규슈의 유명 화과자집 〈나고시(なごし)〉의 다이후쿠 등을 물산전에서 만날 수 있다.

오키나와 沖縄

한겨울에도 기온이 10도 이하로 내려가는 일이 거의 없는 따뜻한 오키나와는 일본 내에서도 여유 있고 독특한 분위기로 많은 사람들에게 손꼽히는 관광지이다.

- 물산전에서는 오키나와의 명물 '사타안다기(サーターアンダーギー)'와 떡을 넣고 튀겨 만든 인기 '아게빵(あげパン)'을 만날 수 있다. 사타안다기란 오키나와의 튀김 과자로, 올드패션 도너츠와 비슷한 맛과 질감을 지니고 있다.

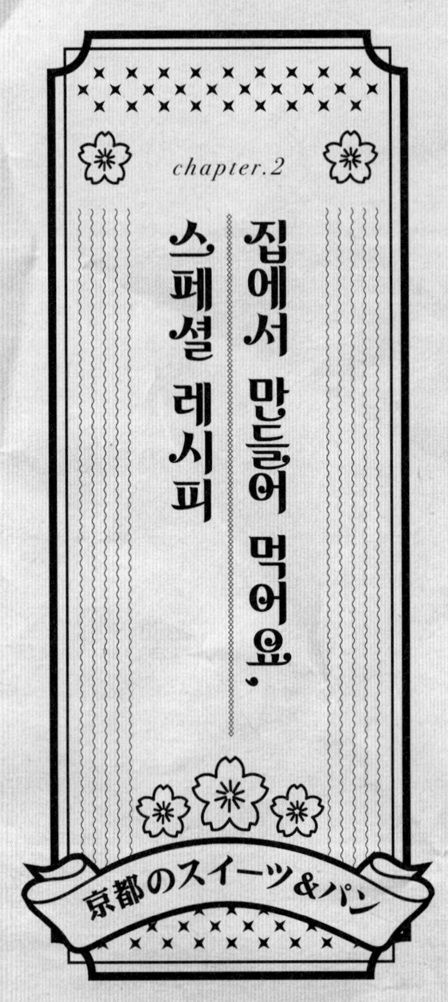
chapter.2
집에서 만들어 먹어요,
스페셜 레시피
京都のスイーツ＆パン

만든 이 황지선 사진 김지혜

식빵과 크림, 과일만 있으면 누구든지 쉽게 만들 수 있는 후르츠 산도. 최근에는 우리나라 편의점에서도 심심치 않게 만나볼 수 있는데, 집에서 만들면 더욱 신선하고 맛있게 먹을 수 있다.

준비물(4인분)

- 식빵 12장(정사각형 모양의 토스트용)
- 크림 치즈 200그램
  (1~2시간 전쯤 상온에 내놓아 부드럽게 만든 것)
- 생크림 200그램

- 설탕 20그램
- 과일 적당량(적당한 크기로 잘라둔 것)
- 볼, 거품기(핸드믹서), 랩, 나이프

* 제과의 경우 재료의 미세한 양에 따라 결과물이
  달라지므로 분량을 그램으로 표기하였다.

집에서 만들어 먹어요, 스페셜 레시피

① 식빵의 가장자리를 칼로 자른다. 그리
고 생크림을 담은 볼에 얼음을 넣은 볼
을 받쳐 뿔이 약간 설 정도로(거품이 부
드럽게 고개를 숙인 모양) 거품을 낸 후,
생크림을 크림 치즈에 2~3번에 나눠
골고루 섞는다.

② 랩을 펼쳐 식빵 3장을 올린 뒤 2장의
식빵에 얇게 ①의 크림을 바르고(가장
자리는 바르지 않아도 된다) 적당한 크
기로 자른 몇 가지 과일을 올린다. 이
때, 자를 단면을 생각하여 과일의 중앙
을 맞추면 예쁘다.

③ ②의 과일 위에 크림을 더 바르고 그
위에 식빵을 1장 올려 전체적으로 가
볍게 눌러준다. 그 뒤 한 층을 똑같이
더 쌓고 눌러준다.

④ ③을 랩으로 잘 싸서 냉장고에서 20~
30분간 보관한다(오래 보관하면 크림이
단단해진다).

⑤ 먹기 좋게 잘라준다.

교토에 디저트 먹으러 갑니다

카스테라

카스테라는 16세기 포르투갈에서 일본에 전해진 과자를 바탕으로 일본에서 독자적으로 발전시킨 화과자의 일종이다. 달걀 거품을 잘 내 밀가루를 가볍게 섞어 구워주면 가정에서도 맛있는 카스테라를 만들 수 있다.

준비물(2센티미터 두께의 조각 10개분)

- 나무틀 2개
  (가로×세로×높이 각 10×20×8.5센티미터)
  (인터넷 베이킹 사이트에서 구입)
- 오븐팬 2장
- 테프론 시트
- 달걀(흰자+노른자) 180그램(껍질 제외한 무게)
- 노른자 20그램
- 설탕 120그램 (추가로 알이 굵은 설탕인 자라메 설탕이 있으면 준비, 없어도 무방함)
- 박력분 95그램(체를 쳐둔 것)

- 꿀 25그램
- 물엿 10그램
- 물 15그램
- 미림 또는 오일(식용유)
- 신문지 10장과 유산지
- 볼, 거품기(핸드믹서), 중탕물(큰 냄비), 체, 주걱

* 오븐은 미리 180도로 예열해둔다. 오븐 온도와 시간은 각 가정의 오븐의 종류와 특성에 따라 상이하므로 상태를 보고 조절할 것.

집에서 만들어 먹어요, 스페셜 레시피

① 오븐팬 위에 올린 나무틀 바닥에 신문지 10장 정도를 깔고 유산지를 잘라 틀에 맞게 잘 깐다.

② 달걀을 볼에 넣어 가볍게 풀고, 가는 체에 걸러 알끈을 제거한 후, 설탕을 넣고 거품기로 가볍게 젓는다. 커다란 냄비에 물을 끓여 그 안에 볼을 담가, 설탕이 녹고 손가락을 넣어 따뜻하게 (피부 온도 정도로) 느껴질 때까지 저어가며 데운다.

③ 거품기로 속도를 조절해가며 거품을 낸다(저속-중속-고속-저속). 거품이 약간 올라오면 꿀, 물엿, 물을 섞은 것을 약간만 데워 풀어 넣는다(꿀과 물이 섞이면 OK!). 거품이 흰색으로 변하고 걸쭉해져 반죽을 떨어뜨려봤을 때 자국이 남았다가 사라질 정도까지 휘핑한다.

④ 미리 체를 쳐둔 밀가루를 2~3회에 걸쳐 골고루 뿌려가며 거품기로 섞고, 가루가 보이지 않으면 주걱으로 마저 섞는다.

⑤ (자라메 설탕이 있으면 틀에 골고루 뿌려준 후) ④의 반죽을 높은 위치에서 떨어뜨리듯 오븐팬 위에 올린 나무틀에 붓고, 틀을 탁탁 2~3번 정도 바닥에 떨어뜨려 거품을 죽인다.

⑥ 예열된 오븐에 넣고 2분 간격으로 3번 꺼내어 주걱으로 골고루 저어 반죽의 온도를 균일하게 하고 거품을 죽인다 (주걱으로 젓기 전에 분무기로 물을 뿌려 줘도 좋다). 그리고 170도로 오븐 온도를 내려 색깔이 들 때까지 약 10분 동안 굽는다.

⑦ 틀 위에 나무틀 1개와 오븐팬을 올려 40~45분 정도 더 굽는다. 25분이 지났을 때 덧댄 팬을 들어 가스를 뺀 후 15~20분 더 구운 뒤, 장갑 낀 손으로 표면을 만졌을 때 탄력이 있으면서 다시 돌아오는 정도면 잘 익은 것이다.

⑧ 덧댄 팬과 나무틀(윗부분)을 들어내고 나무틀(아랫부분)을 오븐에서 꺼내 팬에 올린 채 20센티미터 높이에서 떨어뜨려 충격을 준다.

⑨ 들어냈던 오븐팬에 미림 또는 오일을 바른 테프론 시트를 깔아 틀 위에 올리고 뒤집는다. 틀에서 카스테라를 꺼낸 후 유산지를 벗겨내고 오븐팬을 올려 다시 한 번 뒤집는다.

⑩ 카스테라를 바로 놓고 헝겊이나 키친 타월로 덮는다. 뜨거운 열을 약간 식힌 후 먹기 좋은 크기로 잘라낸다.

집에서 만들어 먹어요, 스페셜 레시피

도라야키

도라에몽도 좋아하는 도라야키는 몇 가지 재료만 있으면 가정에서도 간단하게 구울 수 있다.

준비물(10센티미터 크기 6~7장분)

- 달걀 165그램(껍질 제외한 무게)
- 설탕 100그램
- 꿀 15그램
- 물엿 6그램
- 박력분 140그램
- 베이킹파우더 2그램
- 베이킹소다 2그램
- 찬물 70~90그램
- 앙금 또는 크림 적당량
- 볼, 거품기, 체, 중탕물(큰 냄비), 국자, 뒤집개, 종이 호일

* 프라이팬 또는 전기 그릴을 미리 180도로 예열해 둔다.

① 볼에 담은 달걀을 잘 풀어서 설탕을 넣고 젓는다. 큰 냄비에 물을 끓여 그 안에 볼을 담가 거품기로 저으며, 설탕이 녹으면 꿀과 물엿을 넣고 섞는다.

② 설탕이 녹고 따뜻해지면 볼을 꺼내 체에 걸러서 완전히 식힌다.

③ 박력분, 베이킹파우더, 베이킹소다를 잘 섞어서 체에 치고, ②에 넣어 가루기가 없어질 때까지만 재빨리 섞는다.

④ ③을 냉장고에 30분 넣어둔 후 꺼내고 찬물을 조금씩 섞어 농도를 조절한다 (떨어뜨리면 자국을 남기지만 바로 사라지는 정도의 질기). 그 뒤, 미리 예열해 둔 프라이팬이나 전기 그릴에 국자로 푼 반죽을 적당량 올린다.

⑤ 작은 기공이 골고루 올라오면 뒤집개로 재빨리 뒤집어 약간만 더 굽는다.

⑥ 구운 도라야키에 종이 호일을 덮어 약간 식힌 후 준비해둔 앙금 등을 샌드한다.

교토에
디저트 먹으러 갑니다

초판 1쇄 인쇄일 2018년 04월 20일
초판 1쇄 발행일 2018년 04월 27일

지은이   강수진, 황지선
그린이   강수진
발행인   이승용
주간   이미숙
편집기획부   송혜선 정수인   **디자인팀**   황아영 한혜주
마케팅부   송영우 차윤수   **홍보마케팅팀** 박치은 조은주
경영지원팀   이지현 김지희 이루다

발행처 |주|홍익출판사
출판등록번호 제1-568호
출판등록   1987년 12월 1일
주소   [121-840]서울 마포구 양화로 78-20 (서교동 395-163)
대표전화   02-323-0421   **팩스** 02-337-0569
메일   editor@hongikbooks.com
홈페이지   www.hongikbooks.com

제작처   갑우문화사

파본은 본사나 구입하신 서점에서 교환하여 드립니다.
이 책의 내용은 저작권법의 보호를 받는 저작물이므로 무단 전재와 무단 복제를 금합니다.

ISBN   978-89-7065-628-1 (13980)

이 도서의 국립중앙도서관 출판예정도서목록(CIP)은
서지정보유통지원시스템 홈페이지(http://seoji.nl.go.kr)와
국가자료공동목록시스템(http://www.nl.go.kr/kolisnet)에서 이용하실 수 있습니다.
(CIP제어번호 : CIP2018011115)